知味

川菜东征记

周松芳——著

生活·讀書·新知 三联书店 生活書店出版有限公司

图书在版编目（CIP）数据

川菜东征记 / 周松芳著. -- 北京 : 生活书店出版有限公司, 2025.7. -- ISBN 978-7-80768-487-9
Ⅰ. TS972.182.71
中国国家版本馆CIP数据核字第20245F0G94号

责任编辑 欧阳帆
特约编辑 程丽仙
装帧设计 赵 欣
责任印制 孙 明
出版发行 生活书店出版有限公司
(北京市东城区美术馆东街22号)
邮 编 100010
经 销 新华书店
制 作 北京金舵手世纪图文设计有限公司
印 刷 天津睿和印艺科技有限公司
版 次 2025年8月北京第1版
2025年8月北京第1次印刷
开 本 880毫米 × 1230毫米 1/32 印张10
字 数 200千字
印 数 0,001–2,000册
定 价 69.00元
(印装查询：010-64004884；邮购查询：010-64052612)

目 录

序

王　斯

在有关中国饮食的谈话或讲演场合，人们习惯脱口说出“博大精深”，但如果在座的想进一步听听中国饮食究竟如何博大、如何精深，能讲出真学问的反而不多。好比时下中国不乏自称“吃货”的美食爱好者，却未必真的会吃、懂吃。当食成为一门学问，“博大精深”四字就很难概而论之。就像季鸿崑先生说的，饮食文化的“博大”有芜杂的味道，而它的“精深”似乎缺乏科学论证。以笔者二十年的观察，以“饮食”为严谨学问的工作者，反倒鲜少以“博大精深”统领任何一国或一方美食。

回顾20世纪70年代末，中国餐饮业在改革开放的大好机遇下重新起步，烹饪热潮很快兴起并持续三十余年，全社会对“菜”的热切关注和讨论推动了烹饪文化的迅猛发展。“一方水土养一方人”，某一地方的菜品特点离开原壤，在新的环境中反而被强化，乃至于成为当地人集体认同的符号。“谁不说俺家乡好”的故土情结和“王婆卖瓜”的营销惯性对地方菜品风味的传播确有推波助澜的效应。当人们将地方风味的半径延长至国家层面，就自然上升至对“中国菜走向世界”的讨论——很多人认为这是一个既成事实。但在学术界，它是一个进行中的状态，且不断引发研究者讨论：中国菜何时走向世界？中国菜何以走向世界？诸如此类问题，周松芳先生在《饮食西游记：晚清民国海外中餐馆的历史与文化》一书中有详尽呈现。顺便一提，这部书是第五届“中华食学著作随园奖”的重点推荐作品。和作者的其他多部作品一样，它是大众乐读的学术著作。我与周松芳前辈仅一面之缘，此前经常在报刊专栏读到他的好文章。在食学界，周松芳先生是一位不可多得的游刃于学术与畅销之间的作者。他字里行间对民国人物与逸事的如数家珍和诙谐品评，常常会让读者忘记这是一位严肃的食学研究者。这既是周松芳的史料功底和究根追底的决心使然，也得益于多年来人们对民国人文历史的浓厚兴趣，人们爱听来自民国的故事，尤其是有根据、有格调、有情趣的民国故事。

以往我们了解民国时期的饮食，主要是通过大量书写于民国或者作者经历过民国的文学作品。近些年，食学界开始重视民国时期的报刊、档案、菜谱、日记、图像等散见的食事史料。碎片化的史料，通过学者的爬梳、比对和解析，将特定时代的背景、人物、事件钩沉出因由逻辑，是专门史领域的重要研究方法。用不甚精确的比喻，这类学问家需要比考古学家、人类学家大胆往前一步，又要时刻比文学家、艺术家谨慎退后一步。这项工作在初期阶段几乎尽是枯燥和繁难，偶得欣喜，真一头扎进去，又极容易兴奋上瘾，资料似无穷尽，先前的疑问终于释然，又冒出新的问题想要求索。所以，周松芳每每说这篇文章、这部书是他写某个专题没用尽的素材，分明是他经年神游于民国饮食已至上瘾而意犹未尽的研究状态使然。

发达的文化和相对滞后的研究，是三十年前中华饮食史的基本情态。20世纪80年代末，赵荣光先生就曾对这一现象做过深刻剖析："我们是戴着'烹调王国'的桂冠，在特定的历史条件和时代环境中，怀着冲动的兴奋开始了中国饮食文化的研究的。这就使研究的起步，一开始便带上了一种低位差的接续和承受性（而非高位差的审视和选择性）的特点。因而，当人们漫不经心地一般谈'菜系'的时候，它的确切内涵及其表述并没有引起人们深入思考，人云亦云，习惯成自然。"由于中国人普遍追根溯源的历史情结以及烹饪热潮的助推，"菜系"的说法很快上升到"理论层面"并在各地出现持续性的竞技心态下的溯源"发掘"，诸如某某菜系已有上千年历史，某某菜的传统可上溯至汉唐甚至更早，等等。当中传说、戏说大于事实、逻辑，说书人抱定"要他听我说"的心理，听书人则是抱着"且听他如何说"的心理，于是社会沐浴在烹饪与菜品的"文话"热流中。其间，人们习惯将烹饪文化、餐饮文化与菜品文化模糊对等，或笼统理解、表述为"饮食文化"。

"饮食文化"语义的大众理解可以宽泛甚至含混，但文化的社会运行则有其机制与规律性，检验历史轨迹会发现，许多曾经的流行，最终不免流去。历史文化的沉积是有轨道可循的，单个事象汇聚成文化的过程，往往是多个变量共同产生催化作用。一个典型的例子，两宋时期被学界公认为中华饮食文化的繁荣期，这当然离不开炒锅作用的充分发挥、筷子助食功能的极致化、“四司六局”等宴事制度的成熟、食事诗文创作的繁荣、食书的历史性涌现等诸多因素支撑，同样不能忽略的是中心城市的依托和商业经济发达的最基本条件。吃的社会需求旺盛，必然促生饮食文化的历史进步。今人得以在《东京梦华录》《武林旧事》《都城纪胜》以及《清明上河图》中领略到两宋之繁华和市肆餐饮之兴盛，其中的详尽记录也都发生在汴梁、临安这样的国际大都市和商业中心。诚如赵荣光所说：“任何一种有重大和长久影响的菜品文化都是以特定的中心城市为依托的，中心城市是一定历史时空生态中菜品文化生存运行的重心。也就是说，没有中心城市，就不会有什么菜品文化，菜品文化是商业行为发展的结果。”

这一基本规律同样体现在周松芳先生的这部《川菜东征记》中：民国时期川菜东征的剧场，多数是在上海。并不是周先生对上海有什么个人偏好，而是民国的餐饮史料中，“上海”出场的频次实在太高了！借这部书，新进学人可以感知到，无论是烹饪研究、菜品研究还是菜谱研究，都不可满足于技法实操层面，也绝非“编故事”一般简单化。可以说，周松芳近年出版的几部食书，为上述分支领域的研究提供了范本，启发了思路。他笔下的菜品是与时代、城市、人物紧密关联的，那些民国的肴馔从故纸的碎片中重焕生机，终有机会讲述自己的故事，诉说城市与美食的故事。毋宁说，周松芳研究的是流动的肴馔与飨宴，伴随着城市的律动节奏和特定人群生态的时代脉搏。

客观地说，自20世纪80年代以来，关于川菜的文章、书籍卷帙浩繁，但受制于前述的历史原因，有分量的川菜专题著作显得稀有。这当中，川籍学者蓝勇、朱多生的研究成果值得关注，唐振常、李书崇、袁庭栋的川菜笔记也值得阅读。蓝勇的《中国川菜史》是迄今最为系统化的一部川菜专门史作品，力图说清川菜的味型及变迁、典型菜品和细分的区域烹饪文化特点。英国作家扶霞·邓洛普（Fuchsia Dunlop）的已经译介成汉文的川菜相关作品中，亦有可资借鉴的视角和觉察。川菜研究的广告效应超过学术效应，这是国内菜品研究和烹饪研究呈现出的一个普遍情态。陈玉箴说得很客观："国族或国家意识形态相关论述的提出，不能轻易地被转化为个体认同的存在。'国族菜'的产生，也不能轻易地归诸为政治意识形态所操作、形塑而成，或仅是观光业者为了获利而提出的口号。事实上二者皆非。较好的说法是，'国族菜'是具有商业性潜力、被赋予象征性意涵的产品，但也唯有消费者的参与、接受，'国族菜'的意涵才得以完整。"

这一观点可贯通至地方菜、民族菜的研究。周松芳是湖南籍，客居广东多年，他对川菜、粤菜乃至中国菜的历史观察，可以说是"站在外面看里面，站在里面看外面"。这就越过了美食家意义的地方情结和个人偏好，冷眼旁观，冷静思考，于是也有了许多有趣的观察和解读。譬如，他在《粤菜北渐记》中道出"食在广州"最初仅仅是说粤东食货极丰富。向内看：清末民初广州达官显宦厅堂的筵席承办基本被“姑苏馆”垄断；向外看：粤菜得以风靡壮大，主要也不是在本地，而是在上海——各菜系竞争餐饮市场，且得益于名流聚会、文人诗酒、报人鼓吹，最终享誉全国。书中谈到粤菜在天津盛极一时，主要原因是开埠之后，粤人极尽擅外语、通洋务的买办优势，加之租界有宴请风尚，粤菜馆应运群集。更有作者一再浓重笔墨描画的“冠生园”创业史，某种意义上是中国餐饮业现代化管理的圭臬了。

《川菜东征记》，书名与前者呼应，内容上也延续了前书“串联碎片、重现历史”的基本风格。饶有趣味的是，我们从周松芳搜寻钩沉的历史人物的报刊文章和私人日记中对各地菜式口味、价钱的比较及菜品罗列，能够读出一些川菜异于今人普遍印象的颇有价值的信息。民国时期，对川菜扩张起关键作用的并不是川菜的辣和麻。顺带一提，今天在知乎、推特等社交媒体上时常会出现由“不辣的川菜是否好吃”“川菜只有麻和辣吗”引发的热议。本书多处援引了民国时期人们对川菜的认知是“品料高洁”“煮法精良”“烹调精美”“清洁味美”“尚精洁”“菜甚美而价奇昂”“确有数味特殊之菜，颇合上海人之口味”云云，直到1947年，据唐振常的回忆，“难得的是，全桌没有一样辣的菜，保持了四川人正式宴客绝无辣菜的传统”。这一字一句值得细品。早期的川菜往往以“闽川”“滇川”或“川扬”并列的方式走俏市场，并擅用滇菜的干货食材。民国川菜出川，应着服务的对象人群，最初走的是高档精品路线。而少数大众化川菜的代表，因味过浓、麻辣过重，当地人很少光顾，生意清淡甚至有亏本停业的。在连士升的回忆中，重庆的川菜馆大都逊色于北京、上海、香港的川菜馆。川菜出川一炮走红主要不是因为麻辣吸引食客，而是川厨对食材的选用和料理所呈现出的风味特色引人入胜。张恨水记录了抗战时期即便是重庆，“唯川人正式宴客，则辣品不上席”。川菜筵席上的油辣仅以蘸料碟供客人自取。想来抗战后期川菜的大众亲民，应当少不了辣椒、咸菜的帮衬。20世纪40年代香港的许多粤式酒店还特设川菜部，足见川菜流行之盛。上海有名气的川菜馆老板和厨师，并不一定是川籍——报端常见店家以厨师聘自沪汉、平津为招徕，自成一派的“海派川菜”时至今日仍独树一帜。

民国川菜史，可谓从“养在深闺人未识”到“墙里开花墙外香”，与20世纪80年代川菜再次出川的市场印象形成反差，川菜的辣和麻在四川以外的各省区被突出强化，川菜的记忆符号伴随着川菜的文化再造。由此也可以看出，菜品文化本质上是一种消费文化，主要是人们吃出来的；它还是一种流行文化，社会普遍的口味认知会受到名人效应、大众传播的影响。

读者应当会特别留意作者文中检录的大量“名人日记”。不同于其他类别的文献资料，日记是一种个人化的私密记录。旧时代文人向来有写日记的习惯，它和今天很多人发微博、朋友圈和短视频的个人记录还不一样。后者存在较强的读者意识，主要为观看和社交而记录；前者的所见所闻所感所想多数是为纪事存实而记录。正因为如此，这些记录更能真实反映特定历史背景下特定人物（或群体）的生活状态、个性偏好和心理性格。这些流水账式的记录读来琐碎，但是周松芳先生逐一披览，如数家珍，似全然徜徉于历史空间，踏寻川菜的踪迹。无论是谭延闿的以川馆为家厨，吴宓的川馆谈情说爱，抑或是王伯祥的文艺共川菜齐欢，刘承幹的川馆诗酒风流，在周先生趣味盎然、变换有致的讲述中，如精彩的章回小说——有悬念，有情致。正如书中感慨“吴宓对川菜的存录之功，实不可没”，信然，而周松芳先生对民国名人日记饮食的梳理解读之功，亦诚不可没也！

民国这样一个文化气氛浓厚的时代，名菜托生于名店，名店得益于名厨。然而，若没有文化名流的宴饮、鼓吹与记录，名店、名厨和名菜何以声名远扬？改革开放以来的烹饪热潮助推了中国烹饪的新时代繁华。在餐饮业趋于大众化、餐饮消费逐渐细化升级的今天，业界的“菜系”习惯思维与不同区隔间曾经激烈得近乎紧张的“菜系之争”形成的地方壁垒在逐渐消解，无论是餐饮人还是美食爱好者，都能够以包容、学习的心态去体会美食带给城市的活力。周松芳的《川菜东征记》必将一路凯歌，成为中华食学的传世之作，这是我作为食书研读者的真实感受。

2023年4月于在川阁书寓

第一章

民国川菜出川记*

* 本书涉及大量民国文献资料，在编辑过程中，编辑以保持直接引文原貌为基本原则。

在中国各大菜系中，川、湘菜的辣，尤其是川菜重口味的麻辣，让相对清淡的菜系显得乏味。吃多了清淡菜系，有时也需要一点重口味的刺激，而一经刺激，便难以忘怀，所以麻辣之味，霸道之味。因此之故，川菜扩张势所必然，如今走遍中国，几乎无处没有川菜馆。即使在海外中餐馆中，川菜的势力也很不小；民国海外中餐馆基本是粤菜的天下，现在简直可以说是川菜的天下了。那么，我们再回溯一点点，民国时期川菜的扩张情况如何呢？

因为川人拓殖海外者甚少，川菜在海外难有一席之地，那国内总应该颇占份额吧。但是，川籍名家李一氓在《饮食业的跨地区经营和川菜业在北京的发展》[1]一文中说："限于交通条件、人民生活水平和职业厨师的缺乏，跨省建立饮食行业是很不容易的。解放以前大概只有北京、上海、南京、香港有跨地区经营现象。"四川远守西南部，自古"蜀道难，难于上青天"，食材与人口出川均殊为不易，供给与需求两端都成问题，因此无论如何霸道的川菜，似乎都难有作为。李一氓记忆所及，川菜馆在北京不多，沙滩红楼对过有一家，上海也仅有都益处、锦江饭店两家，香港九龙有一家，汉口有一家，广州则没有。唐鲁孙在《吃在上海》[2]中认为，全面抗战之前，"上海虽然说辇辐云集五方杂处，但是究以江浙人士为多，大家都不习惯辛辣，所以川湘云贵各省的饭馆，在上海并不一定吃香”，对全面抗战前的上海川菜馆，一家都没有提。

或许可以肯定，民国时期各地川菜馆没有现在这么多，但稍加发掘梳理可知，数量远不止这么几家，流行状况也不止乎此，尤其是在上海。

“烹调精美，为各帮之冠”的上海川菜馆

事实上，上海的川菜馆还是不少的，有几段时期还很风行，似乎颇出乎人们的意料。早在1922年，商务印书馆编译所编印的《上海指南》就开列了大雅楼（汉口路二五三号）、消闲别墅（广西路四三九号）、陶乐春（汉口路二四一号）、都益处（浙江路小花园七号）四家著名川菜馆，并说：“新鲜海味，福建馆、广东馆、宁波馆为多，菜价以四川馆、福建馆为最昂，京馆、徽馆为最廉。”川菜馆数量虽不多，但地位之尊，彰显于菜价，乃是公认的事实。如戏剧理论家刘豁公说：“海上川菜馆不知凡几，调味之精，当推都益处首屈一指。”并赞以诗曰：“劳生何用计沉浮，旨酒佳肴足解忧。川菜最宜都益处，粤筵还是杏花楼。”[3]或许因此之故，1921年吴宓先生留学归国，8月5日初抵上海，8月6日、7日连续两天，朋友为其接风洗尘，均席设都益处：

1921年8月6日：十二时半，至三马路小花园都益处酒馆，尹任先请宴。同席者为张贻志、卫挺生、邓峙冰、凌其峻等，及卓寰、梅君。

1921年8月7日：即赴都益处酒馆。今日系卫挺生君请客，座客与昨日同。[4]

据严独鹤的《沪上酒食肆之比较》[5]，都益处之前尚有一家很有名的川菜馆醉沤，而且是"沪上川馆之开路先锋"，"菜甚美而价奇昂。在民国元二年间，宴客者非在醉沤不足称阔人。然醉沤卒以菜价过昂之故，不能吸收普通吃客，因而营业不振，遂以闭歇"。由此可以推知，川菜风行上海的第一个时期，即在民国初年。

醉沤而后，继起的除都益处外，还有"陶乐春、美丽川菜馆、消闲别墅、大雅楼诸家"。严独鹤详细交待了各家的来龙去脉，并作方家之评曰："都益处发祥之地在三马路（似在三马路、广西路转角处，已不能确忆矣）。其初只楼面一间，专售小吃，烹调之美，冠绝一时，因是而生涯大盛。后又由一间楼面扩充至三间。越年余，迁入小花园，而场面始大。有院落一方，夏间售露天座，座客常满，亦各酒馆所未有也。"准此，即可以说川菜此际又开始风行上海滩了，况且还辅以陶乐春，"在川馆中资格亦老，颇宜于小吃"，以及"美丽之菜，有时精美绝伦"。而在作者这个"狼虎会"（老饕组织）会员看来，"消闲别墅，实今日川馆中之最佳者，所做菜皆别出心裁，味亦甚美，奶油冬瓜一味，尤脍炙人口”，还在都益处之上呢！足见20年代的上海川菜馆，已较民国初年更上层楼了。

风头所致，川菜馆还攻城略地，如“大雅楼先为镇江馆。嗣以折阅改组，乃易为川菜馆”。所以严独鹤惊叹川菜“势力日益膨胀，且夺京苏各菜之席矣”。其论定上海滩各菜系席次，“以川菜为最佳，而闽菜次之，京菜又次之，苏菜镇江菜失之平凡，不能出色”，连最负盛名的广东菜，在他眼里，也“只能小吃，宵夜一客，鸭粥一碗，于深夜苦饥时偶一尝之，亦觉别有风味。至于整桌之筵席，殊不敢恭维”。

官至北洋政府司法部次长的大书画家、法学家余绍宋对早期川菜贵客李梅庵等颇不以为然，日记中有：“（1922年5月15日）今日诗文之敝不必言矣，若书画则海派，即江湖派也，李梅庵之书，吴昌硕之篆文、花卉，不知误尽多少人，可深慨已。”他每次南归途经上海，都会上川菜馆，但只上新起的美丽和大雅楼：

> 1922年10月29日：车湛清来，伯孙、芍孙约在四川馆中饭，饭后同游爱俪园，犹太老板哈同所筑也，摄景六张。
>
> 1923年1月2日：六时到美丽川菜馆吃饭。
>
> 1928年2月25日：徐敬五来招饮美丽川菜馆。
>
> 1928年2月26日：晚啸云约饮大雅楼。
>
> 1928年7月26日：夜赵慰三约饮大雅楼，鲸饮皮酒几一打。[6]

转年，《申报》于1924年12月21日本埠增刊发表熊先生的《上海菜馆之鳞爪》一文，可谓对严独鹤文章的呼应，并对川菜之所以受上海人欢迎做了合理的说明："上海普通社会之宴客，大都用苏帮菜，以苏帮菜在上海之历史最为久远，习惯使然也。近年来标新立异之菜馆多，而苏菜则依然故我，失势多矣。四川馆宴客为近年来最时髦之举。川菜馆亦确有数味特殊之菜，颇合上海人之口味，而为别帮所不能煮者，奶油鱼唇、竹髓汤、叉烧火腿、四川泡菜等，皆川馆之专利品也。"也认为"个中最享盛名者，厥为都益处"，还对其沿革做了补充："最初设在广西路，只一开间门面。后移至小花园，现迁至爱多亚路，布置装饰较原处为华丽，地位亦较宽敞，即杯筷台面等，亦焕然一新矣。"

再过六年之后，据胡适族叔胡寄凡所述，川菜似乎更为风靡了："近则闽馆、川馆最为时尚……川馆以兆富里之式式轩、望平街之醉沤为首创（醉沤门之左右悬有联语曰：'人我皆醉，天地一沤。'似李梅庵笔），一时生涯大盛。继起者遂亦不少，如古渝轩、锦江春等，今之都益处、陶乐春已皆在后。"[7]

《大常识》1930年连载的知味《吃的常识》，在10月1日第195期和10月10日第198期具体谈了川菜如何好吃，以及如何成为待客的最佳之选：

> 四川菜馆在上海只有五六家，从前三马路有家美丽川菜馆，是极闻名的，可惜已经关闭了。如今最出名的，要算爱多亚路的都益处了。四川菜馆里面，有两件别致的冷盆，一件是辣白菜，是

用辣茄和胶菜配成的，其味嫩而且美，爱吃的人很多，现在别家虽也有仿制的，总不及川菜馆的鲜美。还有一件是醋鱼，用极长久的火候，煮得那鱼骨节酥透，所以吃起来酥软异常，无骨鲠之虞，而味道也因着火候到家的关系，很是入味。这两件冷盆，读者以后到川菜馆的时候，不妨尝试一下。其余热菜之中，有红烧狮子头、奶油菜心、神仙鸡、纸包鸡这几种，也是拿手的，只是价目比京菜馆来得昂贵，人少了去吃，很不值得，即平常好友邂逅，到饭馆小酌，到川菜馆也无意识。但一旦有贵客到来，或是宾朋云集，那么要算川菜馆最为堂皇阔绰了。

与此相偕，就像粤菜馆无论到上海发展还是到海外发展，往往都是土产食杂店先行，不然巧妇难为无米之炊，四川土产食杂店也久已扎根沪上，如1929年一则四川土产食杂店的广告称："本号开设申江十余年，专办川省土产：金堂柳叶、资州豆瓣酱、冬尖、芽菜、叙府糟蛋、各种大曲酒、细嫩榨菜、潼川豆豉、各种泡菜，并售云南普洱春茶、听头云腿、甜味大头菜，应有尽有，难以枚举。今因节届中秋，小号特电川省聘请高等饼司数位，现已来申，所做之月饼与众不同。所用之糖，均由省内采办，因川糖所含甜味甚长，食过川糖之人均能道之，诸君不信，请尝试之，方知余言不谬也。兼售四川糯米糍粑。开设广西路小花园南首。"[8]

其实，鉴于传统"川菜价昂"，利川东利用其食材取用之便，也开设过价廉味美的小菜馆："像从前小花园后面有一家利川东，‘烧辣子鸡’，只售六角小洋，却菜丰味美，既宜下酒，又可佐餐，此极为一般人所欢迎，他们又有一种‘大曲’酒，醇厚清香，而富回味，这种利川东，终因本重利微，开支不克维持而闭歇。”后来换了主人，回归土产杂食销售：“现在小花园仍有一利川，但已非利川东主人，并且规模狭小，只售酒类和川中土产。”[9]

不过，随着粤菜的兴起和风行，川菜的“生涯亦稍替矣”，但沈伯经、陈怀圃编的1934年版《上海市指南》仍不忘称颂川菜“烹调精美，为各帮之冠”，开列的著名酒家虽仍是都益处、陶乐春、消闲别墅几家，但对川菜驰名的出品，倒有详细的罗列：辣白菜、醋酥鱼、奶油菜心、清炖鲥鱼、炒羊肉片、炒山鸡片、大地鱼烧黄瓜、白汁冬瓜、冬腿冬笋、蟹粉蹄筋等，其点心酸辣面、鸡丝卷等亦获推介。孙宗复编、中华书局1935年版《上海游览指南》，介绍川菜颇承前说，但增加了山西路南京饭店一处川菜馆，乃是向未为人道及的。

川菜在上海的生涯稍替，他处则继长。著名作家张恨水战时曾旅居重庆，一路经行，深有体会地写道：“川菜驰名国内，殆与粤菜分庭抗礼。年来南北都市，川菜馆林立，其兴旺可知。”[10]这样又反过来促进上海川菜的发展，不断涌现优秀的川菜馆，其中有三家，几十年之后还被饮食名家唐鲁孙先生津津乐道：一是“上海广西路的蜀腴，以粉蒸小笼出名，粉蒸肥肠、粉蒸牛肉，酒饭两宜。叶楚伧先生当年在上海，良朋小酌，最喜欢上蜀腴，尤其欣赏他家的干煸四季豆，蜀腴经过叶楚老的誉扬，生意就越做越火爆了”。一是成都小吃，“要吃中餐最好是上海成都小吃，要他十个八个小碟，最后来碗红油抄手，两三个朋友小酌，块把钱就可以酒足饭饱，昂然出门了”。前两家“都是以小吃为主”，其实，说蜀腴以小吃为主是不准确的。说到“能够承应酒席的，还有一家古益轩，他家布置高雅，设备堂皇，雅座里四壁琳琅，都是时贤字画，很有点北平春华楼的派头”，关键是“有几只拿手菜，确实引人入胜。清炖牛鞭用砂锅密封，小火细炖，葱姜盐酒，一概不放，纯粹白炖，牛鞭炖到接近溶化，然后揭封上桌，罗列各种调味料，由贵客自行调配，原汤原味，所以醇厚浓香，腴不腻人。到了冬季，去古益轩的客人不论大宴小酌，大都要叫一只清炖牛鞭吃”。[11]

因此，有人便放言说：“川菜在上海可以和粤菜并驾齐驱，华格臬路上就有好几家，都是声势煊赫，散在他处的也不少。最早以川菜号召的，是‘美丽’，在四马路上，上海人都唤做‘美丽川’。”[12]这种势头发展到后来，以至于锦江餐厅敢于打出睥睨一切的广告：“中国菜是全世界最好的，四川菜是全中国最好的，锦江的四川菜是四川菜里最好的。”[13]就连一向称霸上海滩的粤菜馆，像著名的新都饭店，好像也在附和般地推出了“广厨川菜”，并以“道地的四川风味”招徕，其中一款“干炸牛肉丝”还抬出了名演员李绮年来做证：“李小姐最嗜这味菜，每到新都必不忘此菜，她在绿宝登台期内，还特别派人来买，据她说取其炸得干，有辣味，够刺激！正像伊人！”[14]而李绮年并不是四川人，乃是作为阮玲玉“骨灰级粉丝”的广东老乡。

其实，川菜在上海滩最风光的时候，还是在抗战胜利后。因为“民国时期抗战八年，大家都聚处南都（重庆），男女老幼，渐嗜麻辣，一旦成瘾，非有辣味不能健饭”[15]。现在回归上海，川菜自然变成一枝独秀了。所以，1946年版《最新上海指南》便大篇幅地介绍起或者说“吹捧”起川菜来：

川菜的总评：“清洁味美。”所以在上海吃的范围中，也占有重要的位置。川菜的价格，比较平菜徽菜本地馆为大，在平徽已是高价的筵席，而川菜尚是中次。不过川菜的价格高昂，而食客如云，这是有他们菜料的不群和烹调的味美的缘故。

川菜的名菜，有虾子，玉兰片，辣子鸡丁，炒骨肉片，炒橄榄菜，椒盐虾糕，加厘虾仁，炸八块，虾子春笋，凤尾笋，炒羊肉片，炒山鸡片，炒野鸭片，云菜冬笋，米粉牛肉，米粉鸡，白炙烩鱼，奶油广肚，酸辣汤，红烧大杂会（烩），清炖鲥鱼，叉烧黄鱼，红烧春笋，火腿炖春笋，大地鱼烧黄瓜，白汁冬瓜汤，清炖蹄筋，鸡蒙豇豆，奶油白菜心，红烧安仁蟹粉，四川腊肉，锅烧羊肉，烧踏菇菜，火腿炖冬笋，云腿土司，酸辣面，包鸡丝卷，菊花锅，烧辣鸭子，蛋皮春卷等。

川菜中驰名的已有上述四五十色，其特点如凤尾笋的入口而化，米粉鸡的入味，红烧大杂烩的丰富厚味，清炖鲥鱼的鲜嫩等，那脍炙一时。不过价廉美味的，以红烧鸭子为首，既是下酒的妙品，又是佐餐的佳馔（不喜辣可除辣）。还有大曲酒，饮后有回味发出，不致生湿，其性比较绍酒凶些，较高粱和平多了。就白兰地，其味也不过如此。

川馆中的名菜，也为他帮所不及，即以通常的炒鸡丁而论，也比别处的来得鲜嫩。川菜中也有如广式酒家的清炖补品，如虫草炖鸭子，烹法用虫草若干，（多少听便）贯入鸭的腹内，细火清炖，盐少许，性喜吃重油的，可加肉，这色菜冠绝一时，倘不是老主顾，他们必回说已买完，因为用文火清炖，每日间预备有限，并不像炒菜的立时可煮。所以欲尝这美味，必须老主顾，意外小账浓厚，跑堂的才能奉敬你。

川馆的规模，并不过分，不过川馆一席所费，比普通的来得大，所以经济些，大众宴客似不相宜，我们平常欲研究着川菜的滋味，还是点菜小酌为较妙。像粉蒸牛肉（喜辣的可加胡椒粉）、奶油玉兰片、虾米、四季豆、冬菜炒肉丝、黄焖肉，爆丑咸肉，这几色都是，这几色都是入味而实惠的，道地川菜，可依各人胃纳的所喜点食。[16]

1947年版《大上海指南》则直接说："四川菜：烹调精美，为各帮冠。"也开列了一长串川味名菜："辣白菜、醋酥鱼、神仙鸡、回锅肉、纸包鸡、酸辣面、鸡丝卷、奶油菜心、白炙鳜鱼、清炖鲥鱼、炒羊肉片、冬笋云腿、蟹粉蹄筋等。"此前一年的《最新上海指南》开列得更多，达四十五种；川菜之广受欢迎，于此可见一斑。而所附知名川菜馆名录，也较二三十年代有大的改变：成都川菜馆（宁海西路二二号）、南海花园（南京西路八三〇号）、蜀腴川菜馆（广西北路二九五号）、聚丰园川菜馆（广西北路二二四号）、洁而精川菜馆（兴安路一三五号）、锦江川菜馆（宁海西路三一号），尤其是锦江川菜馆，乃是后来在上海有国宾馆地位的锦江饭店的前身。[17]

在上海这边罗列川馆名菜时，源头成都这边的名菜是否相同呢？从一则当地食谚可以看出还是略有出入的："清汤颐之时，粉蒸长美轩，干煸明湖春，红烧姑姑筵。"[18]

《申报》1947年1月16日第9版《吃在上海特辑》也专立一节《异军突起的川菜》加以推介，特别推崇川菜"那种特别的辛辣味，刺激着食客的味觉，使人吃起来觉得又舒服又好像有点难过，有时甚至吃到舌头痒，嘴巴痛，眼泪直淌，但是还舍不得放下筷子，这便是川菜的魔力"。而川菜的麻辣特性，到了上海也因地制宜变为"清腴辛辣的滋味，已诱惑了不少人，有一度居然成为最时髦的菜馆，素为上海人所欢迎的粤菜，反屈居其下"，又点出，"在昔川菜全盛时代，广西路小花园一带，有好几家川菜馆，华格臬路八仙桥一带，竟变为川菜馆的天下。每当华灯初上之时，车水马龙，座客常满"。

不过，像《申报》认为的"川菜在上海流行，仅不过十年间事"，是不确切的；以及认为"川菜最早成名的是'都益处'"，等到"此后广西路的'蜀腴'、华格臬路的'锦江'等，相继而起，于是别有风味的川菜，才为沪人所重"，也是失实的。

而其最有意思的记述是："川菜馆里，女老板独多，锦江经理董竹君，原籍江苏，于归四川，故以川菜闻名。梅龙镇上座客，颇多艺术界中人物，这是因为女主人吴湄，有声于话剧界的缘故。新仙林隔壁的上海酒楼，也是女主人。乃朱家朱尔贞、朱蕴青所设立，她们都是有修养的人，经营方法，当然与众不同。”所说另一蜀将侍妾杨兰春在上海经营川菜馆，生涯极盛，惜一时难考，殊为遗憾，唯衡山李洣《放园和余小诗谓可然亭女主人号嫩妹女发平话最擅名者号六妹可补拙作所未及又言沪上有蜀将弃妾曰杨兰春营川菜馆生涯极盛亦嫩妹之流也戏酬长句四首》(《国学论衡》1935年第6期)，为之略存遗韵：

君言丽者住东邻，记得当年掌上身。
从此飞琼传姓字，原来苏小是乡亲。
侍儿名录偏能补，本事诗篇倍足珍。
窃比玉溪吟锦瑟，遭逢并世郑笺人。

闽娘制馔妙难传，越女调歌艳似仙。
梦得看花前度日，长卿卖赋倦游年。
狂来画壁旗亭上，醉卧邻家酒瓮边。
剩有茶烟禅榻意，一回枨触一凄然。

笑人同是有情痴，追忆渝娘赋竹枝。
元白两家长庆集，齐梁一部玉台诗。
疑云疑雨思当日，无酒无花怅此时。

君异少年吾渐老，各传百首比红儿。

微词更述锦江姝，已下堂来自治厨。
覆水难为夫子妾，当垆称作酒家胡。
才人末路随厮养，独处无郎怨小姑。
我亦天涯沦落客，青衫老泪湿模糊。

李洣（1883—1953），字佩秋，湖南衡山人，李登云（光绪庚子进士，辛丑间任乐清知县）之子，曾任南田、开化等县知事，后定居上海，为我国著名藏书家、版本学家。刘道铿（1883—1958），字放园，号佛楼，福州人，光绪优贡，留学日本早稻田大学，历任众议院秘书长、内务部参事兼民政司司长、东吴大学教授等。以其身份，所述自当可信。李洣另有《闽游杂忆诗·可然亭八绝句》[19]，据诗前小序，也是怀念福州可然亭餐馆美姿色的女主人的："福州西街有食肆曰可然亭，肆主妇美姿容，擅烹饪，坐上客常满也。余游闽时，陈君石舫招饮肆中，肴馔特精，苏沪所罕。客有道之者，因而见其人，则半老徐娘矣。自后宴集，必于其处。返棹之日，犹饯饮留连，久而不能忘也，故作诗以张之。"合而观之，诚堪食色逸事。

沪上名家唐振常后来对梅龙镇和蜀腴两家川菜馆的命名有过更深入的发掘以及非常精彩的点评："初创之时，老板三人，一吴湄女士，一李伯龙，一郑君，忘其名。从三人姓名中各取一字，吴湄之湄谐音为梅，次取李伯龙之龙，再以郑君之姓谐音为镇，因成梅龙镇三字。我与李伯龙相识，想问他此说是否属实，总忘记了。四十年代至五十年代初，有一家著名川菜馆叫蜀腴，二字点明川菜而不落俗套，是用了一番心思的；知味观一名不恶，见其名可知是菜馆，唯当源于杭州，非上海首创。”后面又说，论川菜的正宗，还是首推蜀腴：“一九四七年，刘文辉将军驻京代表范朴斋宴上海新闻界诸人于此，难得的是，全桌没有一样辣的菜，保持了四川人正式宴客绝无辣菜的传统。”聚丰园则为大众化川菜的代表。“八仙桥锦江川菜馆味纯正而有独到之处，不知是否出于董竹君的亡夫前蜀军政府副都督夏之时的家菜。”[20]

看来，川菜的特性与众不同，川菜馆的经营者与众不同，川菜馆自然也就能与众不同地一度又一度在老上海的饮食界呼风唤雨了。

不过有人感觉到，这一时期因习于后方麻辣生活而复兴的川菜潮流，和早期不辣的高档川菜味道颇有区别：“川菜之美在辣，舍辣即不成其为川菜，抗战以来，西行入蜀者多，居久浸与同化，间于辣有偏嗜。胜利而后，联翩俱至，于是川菜又卷土重来，风行一时，骎骎夺粤菜之席。”[21]简言之，是比以前更辣、更大众化；大众化的另一结果是入乡随俗，迁就、调和外乡人的口味：“然东南士女以甜为贵，喜食辣者究居少数，于是攒眉入社，而谆谆吃其轻辣或免辣，是诚南辕而北其辙，一何可笑。齐人楚咻，白沙在泥，沪上之川菜肆，入境从俗亦十九业已变质，如过去之都益处、陶乐春，近时之蜀腴、锦江、聚丰园及其他，皆告朔牺羊，名存实亡矣。”于是怀想当年地道的沪上川菜，不复可得：

> 川菜小酌优于大宴，烹调之术，尤以成都为卓绝，山肴野蔌都饶真味，非他处所可及。曩时海上虽云记饭庄，尚略存川味，最宜于家常便饭。初设麦家圈一陋巷中，地至渊隘，仅估人家楼下一小客堂，短桌三五，局促不能容膝。老饕皆趋之若骛，争欲一快朵颐，后至者率皆排队伫立以俟，弗忍言去，每一肴盏，诵味之佳如此。及扩充范围，迁至汉口路畔，外观虽稍精洁，而隽味渐失，止存糟粕，盖主人养尊处优，不屑亲入厨下也，因之食客日稀，肆亦旋闭，此真所谓“小时了了，大未必佳”乎？从此海上遂空冀北之群，不易后负货真价实之道地川菜馆矣。[22]

确实，这一云记饭庄倒是从未有前人提到过，而从后来锦江饭店培养出两位国宴级粤菜大师——肖良初与康辉[23]，也可逆想此君之言或有一定道理。总而言之，终晚清民国之世，川菜在上海滩上虽有起落之迹，还是保持了持续繁荣之势。

上海的周边城市，没有上海这么五方辐辏，菜馆业相对单纯，但仍然少不了川菜馆，比如杭帮菜固颇自负，川菜在杭州仍有时誉：“大同川菜社：杭州最享盛名的四川馆子。本社开设杭州西湖英士街一二二号（陈英士纪念塔东首三开间黄屋便是），电话二八七三号，四川名厨，烹调保证，味美适口，自运四川大面，兰花、香花等酒，豆瓣酱，辣椒泡菜，零售克己。”[24]观其所述，比上海的川菜馆更正宗，关键一个比较级的“最”字，表明杭州还有多家川菜馆呢。其实早两年当地的指南书已将其列入：“川菜则有平海路之大同川菜馆……”[25]只不过当时仍称平海路，后来为了纪念先烈陈英士，改名英士街，直到1981年后才又改回原名。

成为香港“最时髦的菜肴”

上海是五方杂处的中国最大商业都会，与四川又共饮一条长江水，川菜能占一席之地，自是容易想象。其实他处也多有川菜馆，特别是香港，一时竟成“最时髦的菜肴”，估计会超乎很多人的想象。原籍福建，毕业于燕京大学，后为新加坡著名报人和作家的连士升先生就说，北京、上海、香港的川菜馆，是川菜的老巢且贵为陪都的重庆都大大不及的：“重庆并没有什么特出的菜馆。就我所吃过的几家菜馆而论，我只觉得炒辣子鸡丁、红烧鱼、炖猪蹄这几味还吃得过，其余的菜都很平常。至于酒楼的陈设，这儿远不如北京、上海、香港的几家以川菜为号召的馆子那么富丽堂皇。”[26]

我们且从首都北京以及后来的北平说起。早在1922年，笔记掌故大师徐珂在上海商务出版社出版的《实用北京指南》（增订本）第八编《食宿游览·饭馆》中开列了很多家饭馆，其中注明为川菜馆的有东安楼（东安市场）、岷江春（小椿树胡同）、春阳居（茶食胡同）、浣花春（香厂）、益华园（南新华街）五家。到新华书局1926年版《北京游览指南》（不署撰人）则增至七家，分别是香厂路的浣花春、东安市场的东安楼、茶食胡同的春阳居、隆福寺街的福全楼、南新华街的益华园、韩家潭的庆之春［或为庆林春之误］、宣武门内大街的富增楼，加上小椿树胡同的岷江春，数量上并不亚于上海。《文艺战线》1937年第5卷第10期有一篇《平市饭馆业概况》，没有具体介绍川菜馆的情形，只说“四川馆以庆林春最佳，山东馆则推致美楼，河南以蓉园为佳，广东馆以五芳斋、东亚春为佳，淮阳馆以天宝城、淮阳春，贵州馆以西黔阳春为佳”。这庆林春不知是否即前述庆之春，至少可以说明川菜馆还是有好几家的，不然不足以比较。

吴宓1921年留学归国，初抵上海，即连续两天在上海都益处接受朋友的洗尘之宴，开启了他的川菜馆生涯。此后，他相继任教于东南大学和东北大学，直到1925年回母校清华大学担任新成立的国学研究院主任。2月5日抵京，2月21日“在北京大学近旁川菜馆午饭，遇李璜”，成为他北京川菜馆生涯的最早记录。此后就日见多去，同时也为我们留下了较早时北京川菜馆的难得记录：

1925年7月4日：四时，至姜忠奎处，李濂镗君旋来。李君素未谋面，而志同道合，一见如故，热心《学衡》，并请晚餐于大陆春（西长安街）。

1925年10月24日：下午三时，乘火车入城。至石附马大街太平湖饭店九十二号，访李思纯。而汪懋祖亦来，乃同至宣南春，用酒饭。由李君出资。

1925年11月8日：赴大陆春午饭，由姜君作东。

1925年11月14日：至潘家河沿三原南馆访刘滋庶（润民）。刘君请宴于宾宴春酒馆。

1925年11月22日：十二时，宓至瑞记饭庄，赴袁力侗请宴。

1925年11月28日：步行至宣南春酒馆，宓请宴。客为李濂镗、姜忠奎、张正仁、李思纯（费五元）。

1925年11月29日：十一时，赴太平湖饭店访李思纯，并晤熊正理。旋与李君至大陆春午饭，宓作东。

1926年2月6日：六时，至宣南春，宓宴请汤用彤、查良钊、瞿国眷、冯友兰、叶企孙、杨宗翰、汪懋祖、李思纯。

1926年5月8日：访李思纯于太平湖饭店，审定近顷所为诗。十时，至大陆春便餐，宓作东。

1926年6月25日：五时，胡征来，同至虎坊桥宾宴春菜馆便餐，宓作东。

1926年6月29日：与汤用彤出，至长安街……返至长安春川菜馆便餐，宓作东。

1926年11月28日：读经团诸人轮值作东，是日为宓当值，预定肴馔（七元）于中央公园长美轩四号。

1927年5月22日：至中央公园之水榭，赴黄节先生招茶叙，用茶点。又招至长美轩进晚餐。座客为李沧萍、姜忠奎二君。

1927年9月10日：因黄节先生邀，乃偕心一、学淑至中央公园……长美轩。黄先生命宓重入座，用酒馔。同座者为张鹏翅及郑颖孙。

1930年1月17日：十一时，至西长安街庆林春酒馆，以人力车迎姑母来，便餐，叙谈。[27]

至于所引诸菜馆之所以为川菜馆的考述，为避重复，移至本书第四章《锦江春色：瑞记引领的老北京川菜馆》中。

前面引唐振常之言，说上海的蜀腴源自杭州，可遍查不获其究竟，1934年版《杭州市指南》第三章《生活·酒业馆》也只提到一家川菜馆以及一家粤菜馆："川菜则平海路之大同川菜馆；粤菜则有花市路之聚贤馆，并兼售岭南名产，亦别有风味。"商务印书馆编纂的1935版《西湖游览指南》"酒馆"节第110页，也写到"大同川菜馆，平海路"。在这记录之前，吴宓已经为爱情而捷足先登了：

1933年8月16日：6–7华约宓散步至平海路大同川菜馆便饭——华一切性行，均带四川人之特点。

1933年8月17日：由大同川菜馆呼饭共餐，皆川味，甚辣。

1933年8月19日：12–1独赴大同川菜馆午餐。

1933年8月20日：7:30至大同川菜社。华来，请宓便宴。[28]

这里的"华"即卢葆华，贵州才女，1928年因为婚姻危机出走南京，投奔仰慕她已久的国民党复兴社高官刘健群，1931年因发表自传体小说《抗争》指斥刘健群是"爱情的叛徒"，酿成风波，致刘由军事委员会训政处处长兼中央军官政治学校政治主任被降为华北抗日宣传总队长。卢在避居杭州期间，因投稿与兼任《大公报·文学副刊》主编的吴宓一见倾心，彼时吴因追求毛彦文而与发妻陈心一离婚，却又在南下上海追求毛彦文时，先赴杭州见卢葆华，冀“于华、彦，得一婚而归”，最后是“双雕一箭难为射”，彦归老夫熊希龄，华归旧侣刘健群。当然，他们的爱情故事与川菜馆因缘远未结束，到昆明之后还会再度上演，那是后话。

大书画家、原国民政府司法部次长余绍宋辞官归隐杭州后，深厌杭帮菜之不精，对颇负盛名的天香楼屡加指斥：“（1932年3月15日）下午鱼占、潜修、厚斋、砺深先后来谈，厚斋五十岁，约饮天香楼，杭州最近有名酒馆也，肴馔至恶劣。”“（1932年11月21日）中午张醉石招饮天香楼，肴馔至恶劣而负盛名，殊不可解。”但对外帮的京菜馆、川菜、粤菜馆却从未有责言，尤其是对粤菜馆，一方面觉得价格奇昂，另一方面却屡屡光顾；对杭州川菜馆大同，他虽然没明确写到出席过，却提到因故缺席过：“（1937年5月23日）谢家修约饮大同川菜馆辞之，昨不胜酒力。”而出席过的峨眉川菜馆，可是谁也没有记录过的：“（1936年5月12日）刘亨斋自沪来杭过访……夜博生约饮峨眉川菜馆。”[29]

两京之外，再说天津。天津因是第一批通商口岸之一，又与北京近在咫尺，进京离京，常需经津，故川菜馆较早出现。刘建章、高碧仁《清末民初天津饮食业字号名录》说，1928年出版的《天津便览》记载饭庄、饭馆、饭店户名录共74户，其中提及日租界的锦江村川菜馆；1931年出版的《天津志略》记载饭店、饭庄等104户，提及法租界的美丽川菜馆；1934年出版的《天津市概要》记载餐馆47户，其中“四川馆2户：美丽川菜馆（法租界天祥市场）、蜀通（法租界绿牌电车道）”。

其实，美丽川菜馆早在1928年即诞生了：“天祥市场后身，新开四川菜馆美丽，菜肴精美，价格公道，地方清洁，招待周到，为应酬亲友极适宜之处所云云。”[30]并迅即成为著名餐馆，《大公报》天津版1931年2月10日第5版文章《旧腊中之津市民生》之五《吃的社会阶级》，将其列为贵族化的第一等。党国要员视察天津，当局接待也假座于此：“中央委员苗培成于昨晨由平抵津……昨日下午党部全工作人员宴苗氏于法租界美丽川菜馆。苗氏在津无多勾留，即将返京云。”[31]连广东人都热衷其味：“广东旅津同乡会，近组织篮球队一队，昨晚特假美丽川菜馆召集成立会，闻个中队员甚为整齐，计有沈聿恭、沈聿勤、唐宝堃、唐宝森、何步云、招寿昌等云。”[32]

余绍宋1934年重游旧京，往返两经天津，均有饮宴美丽川菜馆：

> 1934年10月3日：中午王汉池、桂健庵约饮美丽川菜馆。
>
> 1934年11月1日：中午应吴保丞、张南轩、李子杰、陈光熈、查励刚之招宴，在美丽川菜馆。[33]

更重要的是，他1922年就有天津川菜馆的饮宴记录，虽没提馆名，但这是非常早的："（1922年10月24日）下午一时到津……当夜单枚叔约在四川馆子晚饭。"1924年的锦江村记录同样也算早的："（1924年3月25日）早起，贻孙、孝侯来，朱颐年来谈，李介僧约饮锦江村。"[34]

蜀通既称饭庄，则自属第一等级："启者：本庄开幕以来，荷蒙各界赞美，兹为酬答主顾起见，不惜重金，特由沪上聘请川菜大王苑老四等，担任本庄掌灶。查苑老四久在沪上著名，手艺高超，烹调得味，今应聘来津，实嗜味诸君之口福。"[35]而以厨师聘自沪上为招徕，则重点在川外流行之口味，而非地道之乡味。故后来者说："平津沪三埠，惟天津之菜根香，可称真川味，津亦只一家则然，余如百花村等，固亦如沪之川菜也。"[36]

在看似与川菜最不和谐的广州，也同样早有川菜馆，且长盛不衰。目前最早写到广州川菜的，当数一代食神谭延闿。1923年春，他从上海来穗就任孙中山大元帅府秘书长，由于在上海常上川菜馆，在广州便时时留意川味，偶有所获，记于日记：

> 1923年6月1日：午饭，今日新易厨役（云曾在古渝轩者），菜不漂亮而味尚相近，为之加餐。
>
> 1923年6月2日：食烫面饺，甚佳，令人思赵厨子。又有四川菜多种，则乡气胜于午间之四川厨耳。
>
> 1924年5月23日：晚，同沧白吃晚饭，有辣子鱼尚佳，令人忆陶乐春也。[37]

而最早写到广州川菜馆的当数黄际遇教授：

1936年9月27日：傍午出饮蜀馆"锦江春"。秋老复柬达夫来共觥勺，适彦华亦入此小肆……"锦江春"悬梁曰："锦里酒初香，应将郫竹千筒分来岭外；江南春正好，可许梅花一曲唱到尊前。"署名但懋辛（蜀人）。[38]

这但懋辛可不是普通的蜀人，而是跟广东甚有渊源的著名人物：早年追随孙中山加入同盟会，后到广州参加黄花岗起义，官至国民党陆军上将，解放后历任西南行政委员会委员兼司法部部长、四川省第一至三届政协副主席等职，也工诗文，通易理，善书法。

作为南中国最著名的商业都市，广州一直是有川菜馆的需求的。1938年，国民党著名将领李汉魂的夫人和一班官太太，就曾想着在广州开一家川菜馆："（1938年2月16日）饭后被陈太、司徒太太约出街看屋，因她们想开一四川馆，事本甚好，唯以人看来，绝无一个能吃苦，故我始终不赞成，但因为情面关系，只有出钞而已。"[39]不知道开成没有，但广州的川菜馆越来越多则成为事实。如1948年版《广州大观》说："广州的宴会场所，除了一部分西式餐馆之外，中式的自然以广府菜馆为多，可是，别的如客家菜馆、四川菜馆、江浙菜馆、回菜馆、素菜馆等等，也都不少。"后面列出的菜馆中，中华北路七号的半斋川菜馆，可以确认；还有一家西堤二马路10号的四川菜馆，当也是。特别是半斋川菜馆的广告："请到开设数十年老字号口味好价公道之半斋川菜馆：社团宴会，随意小酌，地方通爽，招呼周到。"充分显示以此馆为代表的川菜在广州的源远流长。而东坡酒舫广告推举其招牌菜曰"瓦罉焗海鲜、四川煎焗虾蟹、东坡凤髓鸭"，不管其是否为川菜馆，均显示川菜已深得广州市民之心了。[40]1948年5月，吴宓应中山大学文学院院长王力等之请前来讲学，23日中午就曾在半斋川菜馆接受宴请："在中华北路口，半斋川菜馆，二楼，陈一百、王越、吴三立、陈千钧约宴。余文伟为陪客。"[41]

虽然省港一家，但在面积和人口远比广州小的香港，川菜馆的数量和影响却远胜广州，令人称奇。早在1938年，商务印书馆出版的陈公哲编著的《香港指南》（第38页"各省菜馆"栏），就介绍了三家川菜馆，分别是大华饭店（皇后大道华人行顶楼）、蜀珍川菜社（轩鲤诗道21号）和桂圆川菜馆（弥敦道369号）。1941年香港旅行社出版的《大香港》（邓超编，第129页）介绍的川菜馆更多更细：湾仔有英京酒家川菜部、六国饭店川菜部，中环有华人行九楼大华饭店、德辅道中远来酒家，油麻地有桂圆川菜馆、弥敦酒店五楼川菜部，并介绍了一些有名的菜品："著名的如玉兰片、辣子鸡丁、炒羊肉片、加厘虾仁、炒山鸡片、虾子春笋、白炙鱼等，就中以通常的炒鸡丁而论，是比别处来得鲜嫩。"甚至说"像粤菜一样有清炖补品"，而且"如虫草炖鸡子，是冠绝一时的"，其中最能启迪人的是："这些都是利便一些江浙的旅客，但粤人光顾的也不少啊……现时因国内抗战，北方人来港的极多，所以因川菜在北方人吃的范围中，也占着很重要的位置。”

确实，因为川菜在江南特别是上海风行了几十年，已经培养出了自己固定的粉丝群体，一些粉丝随着抗战军兴而避迁香港，促成了香港川菜的兴起。旅居上海的广东名人陆丹林也作如是观：

> 我虽然是广东人，但住在上海十七年，也可以算是上海人（广义的），况且去年由沪到港，往来的朋友，也是在上海的时候认识的占十之八九，因之有些人竟把我列入“外江佬”群。其实我的饮食起居和朋友们多带江省色彩，我是不否认的，那我就拿上海人的眼光来谈谈香港吧。
>
> ……
>
> 谈到食呢，从前香港的酒楼茶馆十之九是广东式，十之一是番菜。最近几个月来，因为外省人在香港寄居的日多，而四川菜、平津菜，也有出现，尤以四川菜馆来得多。[42]

邓超编的《大香港》第62页还插入了一则大华饭店的广告——“香港标准川菜馆，富丽高贵首屈一指，为社交最佳场所”——也显示川菜馆在港地位不凡。其实，著名的《旅行杂志》1938年第11期也早有大华饭店类似的广告了。《立报》则以“本报特写”对大华及其老板做了专题报道：

> 提起张竹平先生，这位过去在上海曾为新闻事业努力奋斗过

好多年，而有着他的光辉历史的战士，他的姓名应该是多数读者所稔悉的吧？！张氏在某一时期曾以一身兼任申报、时事新报、大陆报、中时电讯社四个新闻机关的主持人，他的头衔是“四社总经理”，这也就是张氏的全盛时期。

但为时未久，张氏就放弃了他的“四社”事业，转而从事于湖南锑矿的开发，张氏曾以在新闻界服务时的同样精神来经营这个锑矿，他曾耗费了很多的心血在这一企业上，但后来的收获似乎并不如他预期之佳，虽然现在锑矿的生产在继续进行中，但一应事宜已交由他人办理，而张氏自己则来到了香港度着他的岛上寓公生活。

最近，张氏鉴于港地餐肆，多粤人所设，而扬子江流域人士来临此间的，迩时日见增多，对于粤菜多数有“不合胃口”之叹，因此他便与友人合作，斥资十万元创设一川菜肆于皇后大道华人行九楼，定名曰“大华”；于售川菜之外，并设有咖啡座；而川菜庖丁，则是上海陶乐春的原班人马。

华人行九楼最上一层，记者昨日特往参观，餐室占地颇广，内部有最新式的冷藏设备，布置装璜，已将次就绪，等到营业牌照颁下之后，就可开幕了。[43]

这里需要特别指出的是，此番来香港开设后来非常著名的大华川菜馆的主人张竹平籍贯江苏，身系上海，这一身份与后面要说的西安的川菜馆要到平津请厨师、桂林川菜馆主要迎合苏沪顾客，大体一理。后来另外一家著名的川菜馆味腴也近似如此：

刘联珂君自武汉沦陷后，辗转来港，首创味腴川菜于远来酒家。现刘君在大道西二号香港酒家重兴味腴川菜，菜点精益求精，已定于本月十三日开张。该酒家楼高七层，电梯上下，厅房均极宽敞风凉云。[44]

更有意味的是，刘联珂的味腴乔迁香港酒家后，远来酒家虽然增设了粤菜部以资补救，但并未抛弃味腴这一优质旧资产，而是另从武汉味腴挖角以确保川菜部的质量和声誉：

本酒家创设味腴川菜，面世以来，备蒙各界称许，素负声誉。本酒家主人诚感各界人士爱顾之余，复聘汉口“味腴号之谭懋祺君”为川菜部主任，务达精益求精，藉酬答诸君之雅意。同时设计增辟二三四楼，扩张粤菜，设备辉煌，厅房幽雅，空气流通，名贵厢座，全部新型装饰。特聘“江门八景、蓬莱两大酒家之何大哥灼庭君”为粤菜部主任，接办南北燕席，寿筵喜酌，午市茶面，早晚便饭，经济时菜，随意小酌，无不美备。现“川菜部照常营业”，“粤菜茶点准期夏历本月廿一日启市”。特此预告。[45]

同时，鉴于香港粤菜之兴本由苏沪浙人南迁，故别出奇计，从避难南来的苏沪籍人中招考年轻貌美的女服务员来提高竞争力：

再者本酒家特考选苏沪籍女职工多名，招待贵客，应考者须具“青春貌美品格兼优”者为合格，如能通晓粤语者，更从优录用。应考者由即日起至二十二日止，每日下午二时至四时到本酒家面试，薪金从优。此启。营业地址：德辅道中二百六十六号至二百六十八号电话二八七五。[46]

香港粤菜馆之兴也引发其主要播迁之源上海的特别关注，1938年9月创刊于上海的《香海画报》，在当年第11期便以刊首文章《香港的川菜肆风起云涌：粤菜馆纷纷添设川菜部，蜀腴锦江拟来此设分肆》进行了特别报道：

香港以前在“吃”的方面，几乎全是粤菜的天下，平津菜肆虽也有中央这么一家，但是口味全非，不为一般人所重视。在三个月以前，蜀珍、大华饭店两家川菜馆，相继开幕，生意好得了不得，于是粤菜的天下，遂被川菜占了一半去，形成了秋色平分之局。最近，六国饭店、万家香、远东、弥敦酒店、桂园等数家，鉴于川菜的脍炙人口，也纷纷扬扬添设川菜部，以迎合一般“外江佬”的口胃。川菜的势力，居然会膨胀到香港来，倒也是一件意想不到的事。现在川菜肆尚在怒茁之中，湾仔新建的英京大酒楼，落成以后，亦将兼售川菜。并且听说上海的蜀腴，锦江，也预备到香岛设立分肆；蜀腴招股十二万，分六股，每股二万；锦江想请杜月笙氏设法，现正在寻觅相当房屋，企图和大华饭店一争短长。此外还有人想开设小吃店，在湾仔开一爿五芳斋，房屋已经觅就，而且装修工竣，“五芳斋”三个大字招牌也挂出了！卒因港政府不准，执照不发，宣告停顿。现在这个地位，已经开了一家杂货铺子了。

风气之下，后来也甚著名的粤菜馆英京大酒家，一开业即力推川菜："名闻世界，声震远东，庄严壮丽，领袖群伦；与仙宫月殿等量齐观，确属不同凡响；集中全国名厨，精制粤菜、川菜、凤城佳馔。东区庄敦道。"[47]后来还别出心裁举行川、粤菜式大赛，虽为招徕计，也能让我们一窥当日著名川、粤名菜风采：

> 英京大酒家建筑新型，其四楼尤为精华所在，如金銮殿、安乐宫等，辉煌瑰丽，甚得中外人士所称赏。盖以布置费计，就该楼一层言，已达十余万。凡结婚祝寿，多乐假座于此举行，而西人尤喜在此宴叙。比来该酒家举行川粤两厨比赛，初期各出新菜五款，嗣后再各出十款，共计三十款，虽优胜谁属，尚未可知，现将粤菜言，以百花三甲腿、豆苗烧包翅、酱油石斑，川菜则锅贴干鱼、宫保鸡丁、四川虾仁等菜，最为畅销。但无论如何，有此三十款廉价味美新菜出世，诚益食家口福不浅也。[48]

且不说英京大酒家，连更负盛名的六国饭店也适时加设了川菜部。川菜在香港，诚可谓一时风起云涌。

回到大华饭店，香港著名的太平戏院院主源詹勋常去，略摘其日记数则以资说明：

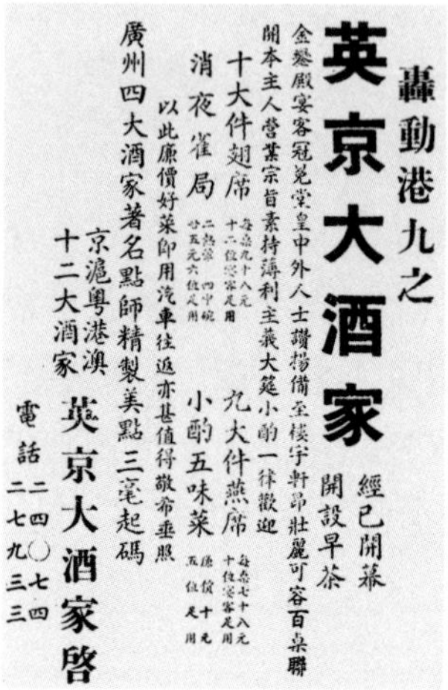

《青年周刊》1945年第1期

1939年8月27日：大华晚饭毕，返院。

1939年10月29日：罗伟权请食晚饭于大华饭店。

1940年9月29日：唐冠雄先生请晚饭于大华饭店。

1941年10月13日：伯鲁请一女向导及余在大华晚饭。[49]

1949年，叶圣陶取道香港，北归京华参加新中国建设，在港期间，朋友相聚，便时时假座川菜馆，尤其是大华：

1949年1月13日：夜七时，出外晚餐，又遇高祖文，承以茅台一瓶相赠，言知余耽饮，而此间无好绍酒，特以茅台为馈。其

《香港指南》（商务印书馆1938年版），编者陈公哲为广东中山人，考古学家、书法家、发明家、武术技击家

六国饭店加设四川菜部的广告

情深可感。遂至一四川馆，遇夏康农。又于座中见吴耀宗，未招呼。皆最近到港者也。抗战期间，一批人初集于桂林，继集于重庆，胜利而后，皆返上海，今又聚于香港，以为转口。余固不在此潮流之中。而事势推移，亦不免来此一行，复自笑也。

1949年1月23日：午睡有顷。渡海至大华酒家，应曾昭抡夫妇、朱智贤、严希纯四人之茶会。到者将二十人，中有马季明、卞之琳。马任教于香港大学，卞新自英国归来。五时散。

1949年2月21日：夜七时，应商务徐应昶、李孤帆之招，餐于大华。座有马季明、徐伯昕等。九时散。[50]

前述的桂圆菜馆，应为桂园菜馆。桂园菜馆的成功及扩张，可谓典型而细微地反映了川菜在香港的风行，当时《香港商报》把对桂园菜馆司理毛康济的专访报道直接取标题为《香港人士口味的变换，川菜已成了中菜中最时髦的菜肴：毛康济君的菜经谈》[51]。访谈的缘起，是桂园吞并知名的粤菜餐厅——九龙思豪酒店的餐厅，而思豪酒店之所以引入桂园，“完全是为着迎合目前的香港社会的需要”——因为战争的关系，近几年来，外省人到香港来或从香港经过的是一日比一日多了，只适合粤人口味的粤菜，已不十分适合当前香港社会的需要，川菜因为能够适合许多省份的人的口味，“于是就成了一种最流行的菜肴”。不过这司理一边说：“讲到香港川菜的，也不只是有桂园一家，不过桂园所办的是地道的川菜，社会上的食家都知道要吃地道的川菜惟有到桂园去。”又说桂园的厨师都是从四川和上海请来的，烹调上更不在人之下。川菜厨师而打上海牌，虽有偏离地道之嫌，但确有助于流行，这一方面，我们当具理解之同情。

郑宝鸿所编《香港华洋行业百年：饮食与娱乐篇》（香港商务印书馆2016年版）中说：“1950年代起，酒楼酒家的发展步入黄金期，因大批内地不同省份的人士迁至，大量京、津、沪、川及粤菜馆，在港九各区开张。”那么，外江菜馆在香港继续发展，而且是更加独立地发展，也是题中应有之义。只是由于香港与内地相对隔绝日久，相关史料难存难觅，像《香港华洋行业百年：饮食与娱乐篇》这样的专书，都没提及。郑氏新近出版的《香江知味：香港百年饮食场所》（香港商务印书馆2021年版）虽有所补充，在第十章《外江菜馆》开列了三十四家，其中看似专营川菜的有蜀珍川菜社（轩尼诗道21号）、锦江川菜馆（英皇道月园游乐场内）、川菜竹林小馆（柯士甸道37号）三家，兼营川菜的则有大鸿运酒楼京沪川菜（湾仔道78号）、豪华楼京川沪菜（怡和街豪华戏院大厦十一楼）、雪园饭店京川沪菜（弥敦道近宝灵街）、南园京川菜（庙街近北海街）四家，然仍是语焉不详。倒是叶灵凤在日记中记录了他1970年两上四川楼较具体的情形：

> 1970年3月20日：今晚在四川楼与罗、黄等聚餐。菜愈来愈贵，五个人吃了近七十元。
>
> 1970年7月10日：晚上与罗、黄、源等在四川楼晚膳。天热生意未免清淡，因此许多普通菜都不备，生意也难做。[52]

除了深入风头一时无两的粤菜老巢，川菜还侵入了长期为粤菜独占的美国市场，虽然仅是听闻：

> 前晤吴稚晖先生于席间，先生语多风趣，足解人颐，既而谈及美国人对于我国之印象，谓美国人未到过我国者，只知我国人有两大技能，一煮菜，一洗衣，因纽约一埠，我国人所设之菜馆，多至七百家左右，有纯粹我国京菜、川菜、苏菜者，亦有迎合彼邦人士之口味，而参以西式者，已不如以前只李鸿章杂碎一肴为号召矣。[53]

当然，如今在欧美，川菜大概已夺粤菜之席，只是非本文所关注了。再折回国内，除了一些通都大衢，凡因抗战播迁致有较多跨省际人口流动之地，我们都比较容易找得到川菜馆，在抗战胜利后至改革开放前，反倒不容易见到。比如西安就发现三家：

西京第一楼饭庄改办川菜紧要启事：本庄为适应时代起见，特派专员向平津等处聘请著名厨师负责烹饪，对于川菜之佳妙以及调味之适口，本饭庄不敢夸大其词，恭请各界人士赐顾品评。兹由平津沪粤等地采办名贵海味，以饷各界。招待方面，力求周到，务使各界人士身入其境，乐而忘返。为酬答各界人士起见，谨择于三月十三日开幕，恭请光降指导为幸。地址：东大街西北饭店东隔壁。[54]

北平朝阳大学旅陕同学会，业经成立，并向党政机关备案，兹悉昨日（二十六）假张园川菜馆开第二次全体大会。[55]

四川旅陕同乡会昨（三）日下午三时在北大街成渝川菜社召开驻陕同乡大会。[56]

这里大有意味的是，西安作为四川邻省省会，第一楼要改办川菜，厨师不向成都求，却要舍近求远至平津，是何道理？窃以为菜系的跨省际传播，得有喜其口味的顾客。这样的顾客从何而来？如何养成？饮食时尚是非常重要的因素。以前西安肯定有川人，至少会有四川商会及其会馆，但彼时会馆会承担川菜馆的功能，如果想开餐厅，则外人不接受，顾客未养成，注定开不成。等到川菜因缘际会，在京沪等都市开将出来，成为时尚，养成顾客，固易于为他处马首是瞻，助成餐馆。

粤菜如此，其他菜系未尝不是如此。比如广西桂林，一直以来，固不少粤商粤人，因为传统上一直有“无东不成市”之说，即南粤西部广西的市场是靠东边的广东成就的，但抗战之前未见粤菜馆的记载。那随抗战军兴而兴的粤菜馆，固有粤人与席，但更喜欢的还是因避难至此的江浙沪人。桂林是当时的后方文化中心之一，这在文化名流们的桂林日记中有非常清晰的呈现，我已在《粤菜北渐记》（东方出版中心2022年版）中言之甚详，姑不赘述。

中华书局1940年版王望编《新西安》第98页介绍饮食，成渝川菜社作为川菜代表与各帮著名菜馆赫然并列：“代表南方口味者，计有：马坊门之浙江大酒楼、中央菜社、南院四五六菜社、竹笆市之长安酒家、东大街之新上海菜馆（均为江浙菜）；粤菜则有广州酒家，与湘菜之曲园均在东大街；北大街有成渝川菜馆……”西京西安有川菜馆，东京洛阳也同样有：“中央社洛阳十一日电：洛市川湘菜社同人近自行节食，积蓄捐款四千五百元，充施粥之用。”[57]

西安是大城市，固不待言，在江西赣州、湖南衡阳这样的中小城市中，我们也可以见到川菜馆：“味腴川菜社，地址：北平路十五号。”[58]1944年4月湖南省民生日用品购销处出版的《购销旬刊》指出，“这时的酒家已达80家”，较战前增加8倍……川帮的蜀渝、蜀腴、小蜀腴。[59]

这些川菜馆，当非从大后方避徙而来的川人所设，而是与江浙沪人避难内迁有关系——无论赣州还是衡阳，都处于这些交通孔道之上。相对而言，在湖南省会长沙，川菜馆却只有附设于民众俱乐部内的一家“（又一村）川菜馆”[60]，还不如衡阳。1938年初，吴宓先生随清华大学内迁中经长沙时，曾于2月7日晚宴客于民众川菜馆：“宴李赋宁、李博高、许国璋、张起钧、陈之颉于民众川菜馆。”[61]或即此又一村川菜馆，因其在民众俱乐部内，社会上会简称民众川菜馆；《长沙市指南》提及此川菜馆时，也只是用小字注了一下“又一村”，意即“又一村”三字并不为大众所熟知。

南方的中小城市有川菜馆，在北方渤海湾两岸商业相对繁荣但当时也属中小城市的青岛、大连，我们也都发现了川菜馆。1924年夏，四川富顺籍现代著名作家陈铨到青岛度假，所吃的锦江春当属川菜馆：

> （1924年7月8日）昨晚因旅行疲倦，睡得非常舒服。今晨起来，把行李收拾好，预备搬过德裕里。早饭即由锦江春送来，菜味狠好，材料也不错，十元钱倒还值得。晚上卢王二先生请初到同乡在锦江春晚餐，他非常殷勤招待，彼此都狠客气。林德兹、尹静夫、乐韶成等说了不少客气话。[62]

大连的东兴居川菜酒楼，则是当地嘤鸣诗社的诗酒唱和流连之地，单《辽东诗坛》1929年第10期就刊发了不少诗题中直揭东兴居为川菜酒楼的诗作，如许觉园的《嘤鸣社东坡生日雅集诗稿：东坡生日集苏句题东兴居川菜酒楼》，陈尘隐的《嘤鸣社东坡生日雅集诗稿：戊辰东坡生日嘤鸣诗社同人雅集大连东兴居川菜酒楼即席拈韵》，以及广东籍兼营商业的名士许子晋的《嘤鸣社东坡生日雅集诗稿：戊辰十二月十九日诗社同人假座连湾大黑町东兴居酒楼为坡公寿东兴居川菜馆也并约田冈淮海》，等等。转年，有名“谷声”者在《大亚画报》1930年第250期刊发《记大连东兴居》，留下了不少有意思的内容，但谓其为闽川菜馆，则耳食之言也——虽然有登门觅食，适逢因故不接客，吃了闭门羹。文章可重视之点在于说出了大连餐饮市场的一些秘辛：“大连商业中心，向操之于鲁人掌握，虽一饮一啄，亦以山东人之嗜好为原则。近年以来，因政变之故，京津寓公移徙来连者骤多，于是市面亦稍稍趋南人化矣。大黑町东兴居，闽粤菜馆也。大连菜馆，除山东馆外，他省异味，仅东兴居硕果仅存耳。是馆筑于小岗之坡，极饶风味，烹调之佳，迨过沈阳之忠信堂与大陆春。余于本月五日来连，友人邀酌于是居，入门讶其生意之清淡。叩其故，答称是日潘馨航为儿娶妇，在该居定席五十余桌，庖师侍役，应召而往新个浦黑石礁潘邸者十余人，因是门市无以应客，其平时营业之发达，可想而知矣。是居主人萧其姓，玉璞其字，向曾为王克敏之管理，而庖师亦王之旧役。萧以王故，所识士大夫甚广，室中遍悬当代名人字画，琳琅盈壁，常人所不易得者，萧亦能多方罗致。余所见者，如八十一叟陈宝琛、钱能训、汪大燮、郭宗熙、袁励准诸联，上款咸以玉璞仁兄称之……其门额亦为陈韬庵所题，尤为饮客所剧赏。余历南北名菜馆甚多，从未见壁上古雅如东兴居者也。”

文章结尾，许之古雅之最，如果作者吃过北京谭家菜，必不敢如此放言，遑论其他。至于文中之沈阳忠信堂与大陆春，在北京一为闽菜馆，一为川菜馆，非徒闽菜馆，更非粤菜馆，不知何以相提并论。民国年间，不同城市之同名菜馆往往为同一菜系，袭名是为借名气蹭流量，以当时并无知识产权之说也。而其以为大连因京津寓公之故，市面趋于南人化，适可觇出当时南菜北渐之风，因之及于大连，这堪称对中国菜系向外传播的无心而点睛之笔。

民国时期的川菜传播，北及大连，南至香港，在西南部过去属于中国后来虽然独立但仍可视为泛中华文化圈的越南海防，也发现了川菜馆的踪迹：“海防万国大酒家，地址：海防东京街十一号。海防首屈一指川菜酒楼，五大特色：一、侍者语通南北侍应周到；二、花园布置美丽地方雅洁；三、厨房清洁欢迎参观；四、川菜名厨调味精美；五、食品名贵取价低廉。”[63]这应该也与抗战播迁密切相关，须知当日西迁民众，有较大一部分海路经香港到海防上岸，再陆行入境云南，汇聚昆明，以及继续北上重庆等地；西南联大相当一部分师生西迁昆明，即取道此线。

注释：

1 见《存在集续编》，生活·读书·新知三联书店1998年版。

2 见《中国吃》，广西师范大学出版社2004年版。

3 刘豁公《上海竹枝词》，上海雕龙出版部1925年版，第35页。

4《吴宓日记》，生活·读书·新知三联书店1998年版，第二册第228—229页。

5 载《红杂志》1923年第33期。本段及随后两段中引文均出自此文。

6《余绍宋日记》，中华书局2012年版，第257、326、341、674、762页。

7 胡寄凡《上海小志》，上海传经堂书店1930年版，"酒肆条"，亦见胡祥翰《上海小志》，上海古籍出版社1989年版，第40页。

8《利川东盛记四川月饼上市》，《申报》1929年8月31日第12版。

9 王定九编著：《上海顾问》，中央书店1934年版，第220页。

10 张恨水《重庆旅感录》，《申报》1939年2月2日第6版。

11 唐鲁孙《吃在上海》，见《中国吃》，广西师范大学出版社2017年版，第127页。

12 宾谷《川菜》，《艺海周刊》1940年第29期，第9页。

13《锦江的四川菜》，《良友》1944年第150期。

14《干炸牛肉丝：怎样烧制？新都厨司答客问》，《新都周刊》1943年第8期。

15 唐鲁孙《中国菜的分布》，见《大杂烩》，广西师范大学出版社2004年版，第207—208页。

16 冷省吾编著：《最新上海指南》，上海文化研究社1946年版，第106页。

17 王昌年编著：《大上海指南》，东南文化服务社1947年版，第121页。

18 饕客《食在成都》，《海棠》1947年第7期，第25页。

19《文艺捃华》1936年第3卷第1期。

20 唐振常《饔飧集》，辽宁教育出版社1995年版，第5、18页。

21 西西《卷土重来之川菜——十年风水轮流转》，《上海滩》1947年第17期，第2页。

22 同上。

23 肖良初与康辉的故事可参见作者撰写的《厨出顺德：国厨与国宴》一文，《档案春秋》2015年第8期。

24《申报》1937年4月10日、24日第21版。

25 张光剑《杭州市指南》，杭州市指南编辑社1935年版，第240页。

26 连士升《雾里看重庆》，见《回首四十年》，收入《连士升文集》第二卷，北京大学出版社2011年版。

27《吴宓日记》，第三册第6、40、85、92、95、99、102、103、148、169、183、186、257、341、403页，第五册第10页。

28 同上书，第五册第438、442、444页。

29《余绍宋日记》，第999、1058、1356、1429页。

30《美丽川菜馆甚值》,《大公报》天津版1928年9月9日第7版。

31《苗培成来津》,《大公报》天津版1931年6月7日第7版。

32《广东旅津同乡篮球队昨成立》,《新天津》1932年3月9日第5版。

33《余绍宋日记》，第1200、1211页。

34 同上书，第325、439页。

35《蜀通饭庄特别启事》,《大公报》天津版1936年3月31日第14版。

36 伯琦《上海菜馆》,《社会日报》1942年12月23日第2版。

37《谭延闿日记》，中华书局2019年版，第10册第72、76页，第11册第478页。

38《黄际遇日记类编：国立中山大学时期》，中山大学出版社2019年版，第56页。

39 吴菊芳著、罗媛整理：《"万童"之母私人录：吴菊芳日记》，花城出版社2021年版，第47页。

40 赵嘉、廖生民编：《广州大观》，天南出版社1948年版，第49、54、55、61页。

41《吴宓日记》，第十册第385页。

42 陆丹林《上海人眼中的香港》,《宇宙风》乙刊1939年第3期。

43 但蘋《老记者张竹平斥资十万元在港设餐肆：设华人行九楼定名"大华"，售川菜之外兼设咖啡座》,《立报》1938年6月11日第3版。

44《香港酒家增添味腴川菜》，香港《大公报》1940年7月12日第6版。

45《远来味腴酒家著名川菜今扩张增设粤菜》,《大公报》香港版1940年7月22日第1版。

46 同上。

47《英京大酒家今日启市》,《大公报》香港版1938年10月19日第1版。

48《甚深刻的印象……金銮殿》,《大公报》香港版1940年12月4日第6版。

49 程美宝编：《太平戏院纪事：院主源詹勋日记选辑》，香港三联书店2022年版，第801、814、900、1004页。

50 叶圣陶《旅途日记五种》之《北上日记》，生活·读书·新知三联书店2002年版，第123、129、146页。

51 记者佐之，载《香港商报》1941年第169期，第25页。

52 卢玮銮笺，张咏梅注：《叶灵凤日记》(下)，香港三联书店2020年版，第224、255页。

53 耳食《纽约中国菜馆多》,《快活林》1946年第22期。

54《西京日报》1934年3月21日第1版。

55《陕朝阳同乡会昨开二次会》,《西北文化日报》1936年4月27日第6版。

56《四川旅陕同乡昨开同乡会》,《西京日报》1939年12月4日第2版。

57《川湘菜社节食施粥》,《南华报》1943年3月12日第2版。

58《民国日报》赣南版1943年10月27日第4版。

59 萧善卿《抗战时期的衡阳市饮食业》，见政协衡阳市委员会主编《衡阳抗战铸名城》，中国文史出版社2005年版，第739页。

60 邹欠白编著:《长沙市指南》，洞庭印务馆1936年版，第261页。

61《吴宓日记》，第六册第294页。

62 陈光还、季进整理:陈铨《〈海滨日记〉选录》,《新文学史料》2009年第2期。

63《海防万国大酒家》,《大公报》香港版1940年5月3日第2版。

第二章

最豪奢的开场与最经济的殿后：老上海的川菜馆

现在我们知道，中国八大菜系中最流行的非川菜莫属，即便在海外，晚清民国时期一枝独秀的粤菜，现在也应已退居次席让位于川菜了。其实，在民国时期，川菜已有风头直逼粤菜之势，而且出圈（川）比粤菜更早，见前文所述。随着一手文献发掘、积累渐多，晚清民国川菜在全国尤其上海的发展流行情况及其赢得“标准国菜”殊荣的故事，值得再叙。

最豪奢的开场

伯琦在《上海菜馆》中言上海川菜馆始于清末：“至光绪三十三年，始有川菜馆一家，名式式轩。”[1]至民国渐盛：“自光复以后，伟人、政客、遗老，杂居斯土，饕餮之风，因而大盛。旧有之酒馆，殊不足餍若辈之食欲，于是闽馆、川馆，乃应运而兴。”[2]褚俊达的《上海菜馆之今昔》则点明了这些遗老文酒风流之所在，“集于小有天、别有天、醉沤斋、式式轩诸家”，藉是之故，“闽蜀菜馆之名，因之大噪，士夫商贾之请客者，意非此种菜馆，不足以表盛馔。每筵之价，需十金以外”。[3]

不过，式式轩是否早在光绪三十三年（1907）就出现了，那可不一定。伯琦的文章写于1942年，而早在1924年，明弘的《尊前琐述》已说“兴在民国元年”：

> 川馆之兴，在民国元年，最先有式式轩、醉沤居（斋），而庖丁则均华阳王雪老所造就。天下庖丁治馔，非得主人之指导，决不为功。雪老素尚精美，尤能己出意调味，庖丁承教，造诣自高。其名手凡三：曰王、曰向、曰廖。王厨尝开锦江春，留沪不久，即至香港。向厨历事醉沤、古漏（渝）、兴华、大雅，今始辍业。廖则由式式而都益，于今不废。就中五六年间，诸遗老带设一元会，朔望会以聚餐，清道人则为之提调。时古渝轩主者何书农亦雅士，每次开筵，必立新意，制佳肴。道人所手书之菜单，凡百余叶（页），饮馔之精，于此为极焉。[4]

详文意，则凡此种种皆亲见亲闻，属实不诬。醉沤斋则稍后起，于1913年2月6日试业，2月19日正式开业：“本斋开设三马路口望平街中，选集川厨，略备乡味，坐次雅洁，招待周全，士女来宾，内外区别，小酌全席，因应咸宜。兹择于阴历正月元旦日先行交易，十三日开张，倘蒙惠顾，不胜欢迎，特此广告。”[5]

而在更早的材料中，甚至有说醉沤斋创办于式式轩之前的：

> 从前沪妓住家之叫菜，十五年前最著名者为聚丰园，自招商、

华商、品商、通源各菜馆相继列肆，住客叫菜，隐然为各家专利。辛亥而后，川闽各菜馆如醉沤，如式式轩，如别有天，如小有天，次第崛起，一般老饕，若有同嗜，于是招商等各家有天然淘汰之象，近则尤以别有天、小有天两家最流行云。[6]

至于说醉沤斋或式式轩庖丁均为王雪老王秉恩所造就，虽然查无实据，但也事出有因——早期上海闽川菜馆，既为遗老所好，王秉恩自然也属其列，而且这些馆子或许因此之故也都追求“文艺范”，醉沤斋之名与联，就属典型：

小花园昔有川菜馆曰醉沤者，其牌号至为奇辟，且不易了解。其客厅有四字楹联句云：“人我皆醉，天地一沤。”嵌字非常熨贴，并不啻为该号商标下一注脚。该馆顾客多达官闻人，想系名家手笔。附近有都益处，亦川菜馆也，中有联云：“为厌珍羞，且思芦蛤；惟有海月，可敌荔支。”造语峭拔，不落恒蹊。[7]

包天笑还将这一名联及餐馆用作他的小说场景：

祖书城道：“就在这里望平街上有一家四川馆子唤做醉沤，我们就到那里喝三杯以御寒气。古人诗云：‘晚来天欲雪，能饮一杯无？’正是为今天咏的了。”……便同苏玄曼两人出了平报馆到望平街这一家醉沤川菜馆来。只见门前一副银杏木绿字大对联，上联是“大地一醉”，下联是“浮生如沤”。[8]

回过头来说王秉恩，当然也很文艺。他是清季民国著名的藏书家、书法家，各收藏大词典都不会遗漏他。王秉恩（1845—1928），字雪澄，号茶龛，别署息尘庵主，晚号华阳真逸，华阳（今四川天府新区）人。同治十二年（1873）乡试为副考官张之洞激赏一举中的，并一生追随张之洞，官阀声名，皆由此起。光绪元年（1875）学政张之洞在成都创设尊经书院，提倡经世致用之学，四川学风为之一变，王秉恩随之入院，与杨锐、廖平、宋育仁等并为“高材生”。张之洞总督两广期间（1884—1889），王秉恩奏调广东，“凡文襄前后所经营，无虑数十事，悉令录之”，并协助张之洞创办广雅书院及广雅书局，充广雅书局提调。1889年，张之洞调任湖广总督，王秉恩亦随同前往；1899年设立汉口商务局，又以候补道王秉恩、程仪洛总理其事。民国后，王秉恩寓居上海兆丰路，与陈散原、朱古微并称为“虹口三老”，连王国维都甚尊礼之：“海上藏书推王雪澄方伯为巨擘，然方伯笃老，凡取携书籍，皆躬为之，是讵可以屡烦耶！”辛亥革命后，家境贫困，每以所藏书籍字画易米。[9]

王氏与广东渊源甚深，在生命的最后一年，还为广东文坛耆宿、交通系首领叶恭绰祖父叶衍兰的《清代学者象传》作序：“戊辰（1928）夏，先生文孙恭绰来沪，将印此册，属余为序。以数十年梦想而不得见，一旦重睹，故不辞为之序。太岁在著雍执徐阳月，华阳王秉恩序于海上。”[10]由此亦可想见其声名地位。

之所以传言王秉恩参与开创海上川菜事业，还有一大因缘，即其不仅为海上遗老，还是川帮大佬，由下面一件事即可见出："旅沪川人王秉恩等近组四川善后协会，兹将其简章公电录下……"[11]而且广受社会尊敬，他去世多年后，在驻美大使施肇基的侄子与其女王藜青的离婚案中，报章犹称："王女现年三十三岁，系出名门，为已故前清广东臬台王秉恩（字雪岑又名燮丞）之女。"[12]至于郑逸梅、徐卓呆径直说醉沤斋是王秉恩所开，则是后出文献，不足为据了。[13]

之所以多唠叨几句王秉恩，是因为各大菜系在形成以及走出本土的过程中，文人和文化实在有举足轻重的作用和先导的力量。试想，粤菜如果没有广州的太史菜和北京的谭家菜，能有后来"食在广州"的局面？论饮食的豪侈，屈大均说天下食材粤东尽有之，赵翼说平生仕履最肥之缺莫过广州知府任，府中饮食，虽钟鸣鼎食无以过，方此之际，为何没有"食在广州"的传说？笔者曾一再撰文指出，"食在广州"的真正扬名，源于上海媒体及文人的宣扬。再则，湘菜如果没有谭延闿的谭府菜，川菜在本土没有姑姑筵及一众名士的追捧，也难以顺利成长为一大菜系。

上海作为移民城市，人口构成更新迭代快，餐饮业的更新换代也受影响，所以到20世纪20年代，似乎已是都益处一领风骚了：

> 沪上川馆之开路先锋为醉沤，菜甚美而价奇昂。在民国元二年间，宴客者非在醉沤不足称阔人。然醉沤卒以菜价过昂之故，不能吸收普通吃客，因而营业不振，遂以闭歇。继其后者，有都益处、

陶乐春、美丽川菜馆、消闲别墅、大雅楼诸家。都益处发祥之地在三马路（似在三马路、广西路转角处，已不能确忆矣）。其初只楼面一间，专售小吃，烹调之美，冠绝一时，因是而生涯大盛。后又由一间楼面扩充至三间。越年余，迁入小花园，而场面始大。有院落一方，夏间售露天座，座客常满，亦各酒馆所未有也。[14]

梅生《上海菜馆之今昔》也反映了上海川菜馆的更新迭代："今醉沤斋、式式轩已闭歇，蜀菜馆之新起者有都益处、锦江春。"[15]关于都益处的开张与迁址，1924年9月2日《申报》第1版《都益处川菜馆迁移声明》一文曾有报道："本馆向在上海三马路筱花园，开设十有余年，菜点之精，素蒙绅商学各界人士推为川菜馆中之鼻祖，所以顾客盈门，嘉宾满座。今因原址房屋翻造，迁移于爱多亚路中大世界东首新建三层楼洋房……择于本月初八日正式开幕……"

这里最重要的是，点出了20年代初期六七家重要的川菜馆。当时的城市指南书所载录的川菜馆，也不出这几家，如商务印书馆编译所1922年版《上海指南》载录有大雅楼（汉口路二五三号、二五四号）、美丽慎记川菜馆（汉口路一三九号浙江路口）、消闲别墅（广西路四三九号）、陶乐春（汉口路二四一号）、都益处（浙江路小花园七号）五家；到商务印书馆1930年版林震编纂的《上海指南》，名单略有变化，也只大雅楼（福州路二三一号）、共乐春（北四川路一九七〇号、一九七一号）、美丽、陶乐春（汉口路二四三号）、都益处（爱多亚路一六二号）、聚丰园（广西路小花园口）六家，而仔细一比较，则同一名号下面，地址确有变化。《申报》1922年11月2日第18版的《菜馆一览》，于“川菜”开列三家：“兴华川，汉口路浙江路转角；美丽川，汉口路浙江路转角；大雅楼，汉口路浙江路转角。”

新出的《上海饮食服务业志》说还有一家川菜馆名店东亚饭店，1917年开设于南京东路680号，以小吃双菇翠包、荷叶糯米等著称，大约是后来转型的吧，因为其虽然颇有见于当年文人笔端，但没人把它当川菜馆看。[16]事实上，是否是川菜馆还值得考辨，因为有一家著名的粤菜馆也叫东亚饭店。因为时兴，创办者多，他们还成立了川菜馆同业公会，并不断联合抬价，也可见其早期兴盛之一斑：

> 启者：敝业开创以来，荷蒙各界欢迎，无任钦佩。近因各物昂贵，售价不敷成本，是以同业公议于开市日起一律改售大洋，伏希各界光顾为荷。都益处、陶乐春、兴华川公启。[17]

> 启者：迩来敝业百货步步腾贵，兼以缴费浩大，实不能支，爰是邀集同业公议，自中秋节后每席加洋一元，以补血本，而图久远，伏祈光顾，诸君鉴谅是幸。都益处、美丽、大雅楼、陶乐春同启。[18]

所谓不敷成本，借口耳！早期川菜馆之贵，是历来为人所公认的。这一点开头已有所提及，兹再补一则材料，如王定九《上海顾问》说：“像平菜近十元的酒筵，已很可宴客，但川菜，必须十五六元。”[19]这些川菜馆中，陶乐春值得特别提起，因为似乎是鲁迅的最爱之一。1927年10月3日他从广州回到上海的第一天就去了陶乐春，从1927年10月到1929年6月，共受邀去此店饮宴六次，请客者分别有李小峰、郁达夫和内山完造等：

> 1927年10月3日：（抵上海）下午同广平往北新书局访李小峰、蔡漱六，柬邀三弟，晚到，往陶乐春夜餐。
>
> 1927年10月16日：夜小峰邀饮于三马路陶乐春，同席为绍原及其夫人、小峰夫人、三弟、广平。
>
> 1928年4月2日：达夫招饮于陶乐春，与广平同往，同席者国木田君及其夫人、金子、宇留川、内山君，持酒一瓶而归。
>
> 1929年1月26日：午达夫招饮于陶乐春，与广平同往，同席前田河、秋田、金子及其夫人、语堂及其夫人、达夫、王映霞，共十人。
>
> 1929年3月17日：晚同柔石、方仁、三弟及广平往陶乐春，应小峰招饮，同席为语堂、若狂、石民、达夫、映霞、维铨、馥泉、小峰、漱六等。
>
> 1929年6月20日：晚内山延饮于陶乐春，同席长谷川本吉、绢笠佐一郎、横山宪三、今关天彭、王植三，共七人。[20]

当然，其他川菜馆鲁迅也去过好几家，如都益处：“（1928年2月9日）晚同三弟往都益处夜饭，同席十五人。”再如消闲别墅：“（1928年2月12日）午前章锡琛招饮于消闲别墅，与三弟同往，同席九人。”古益轩和聚丰园，鲁迅均分别两去：

1930年8月27日：晚蒋径三招饮于古益轩，同席十一人。

1932年10月5日：晚达夫、映霞招饮于聚丰园，同席为柳亚子夫妇、达夫之兄嫂、林微音。

1933年3月30日：晚往聚丰园应黎烈文之邀，同席尚有达夫、愈之、方保宗、杨幸之。

1934年1月6日：午烈文招饮于古益轩，赴之，同席达夫、语堂等十二人。[21]

其实，1926年8月30日，鲁迅经上海赴厦门大学任教时，即与同样经上海赴清华国学部任教授的朱自清相逢于消闲别墅，出席文学研究会同人郑振铎、刘大白、夏丏尊、陈望道、沈雁冰、胡愈之、叶圣陶、王伯祥、周予同、章锡琛、刘叔琴和周建人等组织的饯行公宴。[22]鲁迅还去了美丽川菜馆：“（1928年2月29日）晚伏园来。林风眠招饮于美丽川菜馆，与三弟同往。”而朱自清1925年8月22日初抵上海即偕叶圣陶、方光焘共饮于此。[23]

鲁迅所去的陶乐春和都益处，此时也确已成为川菜馆的大佬了：“上海菜馆同业公会于昨日下午二时在广西老民和里会所召集各帮菜馆开同业代表会议……每帮推代表二家负责，当场公推川帮都益处、陶乐春……”[24]1934年3月28日，京剧四大名旦之荀慧生宴客陶乐春，席开四围，每席十六元，到者多为银行界知名人士，也差足显示其身价。[25] 王统照1934年3月12日经上海赴欧时，与“圣陶夫妇、研尊、东华、茅盾、金仲华、胡愈之、调孚、王伯祥、黄源、梁宗岱”相聚于此，也盛称其饮食之佳。[26]

而在民国名记陶菊隐看来，早在他初露锋芒以地位仅次于《申报》的《新闻报》特约通讯员身份首赴上海的1921年，就体会到了陶乐春的高大上：“傍晚华灯初上，汪乘了一部破旧汽车到旅馆来接我。我们走上了陶乐春二楼大餐厅，里面已有二十来位客人先到，汪逐一为我介绍，我才知道那些人就是报馆编辑部的全体人员。我不免暗暗纳闷，招待一个外地记者，何必如此盛设，这也使我有受宠若惊之感。”陶菊隐又说：“陶乐春是当年上海著名的川菜馆，设在爱多亚路（今延安东路），后改厚德福豫菜馆。”[27]这倒是向来关于陶乐春兴亡史料中所未曾道及的。

官至国民党中央宣传委员会主任的邵元冲及其作为神州女学和《神州日报》创办人的妻子张默君，二三十年代每至上海，必吃川菜，诚如他们1924年10月1日在美丽川菜馆晚餐后，“饮噉既豪，复佐以娓娓清谈，逸趣豪情，足为他日追忆之资，又此间红烧蹄殊美，足快老饕”，那他们的上海川菜记忆，也的确应该胪记于下，以与读者分享：

1924年11月19日：午间至都益处，应雨岩午餐之招，同席有协和、耿和生、但怒刚及粤中同来诸君。

1924年11月21日：午间偕至都益处川菜馆，应黄贻荪伉俪午餐之招，兼晤杨杏佛夫妇。

1928年6月19日：午间应王伯秋之约至美丽川菜馆午餐，同席有寿毅成、胡适之、董鼎三、宋阜南诸君。

1928年6月21日：午间偕默应毅成、鼎三美丽川菜馆午餐之约，同席有胡朴安、王伯秋诸君。

1928年12月3日：午间约文德、逸云在美丽午餐。

1929年1月13日：午约季陆及何叙甫伉俪、郭复初、郑毓秀等在都益处午餐。

1935年12月10日：傍午偕默及祝尧人外出，午餐于小花园川菜肆，制馔尚精洁。[28]

观其与席者，既有文人墨客，也有达官贵人，邵氏夫妇本身即文人兼官员，大有名于时，自然当得起上海川菜馆的美好记忆。尤其是但怒刚，同盟会会员，黄花岗起义参与者，与上海川菜馆还颇有渊源呢，后叙。邵元冲去得最多的是美丽川，也是梁实秋和徐志摩等念兹在兹的川菜名馆；梁实秋大约当时年纪尚属稚嫩，都到了“一九二九年至一九三〇年之际”了，还说“那时候四川菜在上海初露头角”，而且念念至老的不过一道蚝油豆腐：

李璜先生宴客于上海四马路美丽川（应该是美丽川菜馆，大家都称之为美丽川），我记得在座的有徐悲鸿、蒋碧微等人，还有我不能忘的席中的一道“蚝油豆腐”。事隔五十余年，不知李幼老还记得否。蚝油豆腐用头号大盘，上面平铺着嫩豆腐，一片片的像瓦垄然，整齐端正，黄澄澄的、稀溜溜的蚝油汁洒在上面，亮晶晶的……我首次品尝，诧为异味，此后数十年间吃过无数次川菜，不曾再遇此一杰作。我揣想那一盘豆腐是摆好之后去蒸的，然后浇汁。[29]

徐志摩说的美丽川故事，最为脍炙人口："（十一日）方才从美丽川回来，今夜叔永夫妇请客，有适之、经农、擘黄、云五、梦旦、君武、振飞，精卫不曾来，君劢闯席。君劢初见莎菲，大倾倒，顷与散步时热忱犹溢，尊为有'内心生活'者，适之不禁狂笑。君武大怪精卫从政，忧其必毁。""（十五日）前日沫若请在美丽川，楼石庵适自南京来，故亦列席，饮者皆醉。适之说诚恳话，沫若遽抱而吻之——卒飞拳投詈而散——骂美丽川也！今晚与适之回请，有田汉夫妇与叔永夫妇，及振飞，大谈神话。"[30]这些可都是顶级名流啊！

上引胡适文章《儒林新史之一页》，其实摘自晨光出版公司1947年版陆小曼编《志摩日记》，所记为1923年10月间事。这一年，郭沫若获得福冈九州岛帝国大学医科学士学位后，于4月1日携眷归国，2日抵达上海，住哈同路民厚南里泰东书局编辑部。7月中旬曾赴消闲别墅参加部分留日同学举行的宴会。1925年6月又曾赴友人于消闲别墅举行的宴会，并与曾琦同席。[31]这也算留下了难得的几则上家乡菜馆的材料。此外，1937年8月7日，中国文艺家协会上海分会及上海文艺界救亡协会等公宴郭沫若新自日本再度归国，也是假座蜀腴川菜馆。[32]

胡适自己也写到这一节："（1923年10月13日）沫若邀吃晚饭，有田汉、成仿吾、何公敢、志摩、楼□□，共七人。沫若劝酒甚殷勤，我因为他们和我和解之后这是第一次杯酒相见，故勉强破戒，喝酒不少，几乎醉了。是夜，沫若、志摩、田汉都醉了，我说起我从前要评《女神》，曾取《女神》读了五日。沫若大喜，竟抱住我，和我接吻。"[33]

胡适平素的日记都很详细，但记饮食很简略，尤其是在国内，更鲜少记，因此这条材料便很有意思了。粗略翻检，又找出另两条胡适上川菜馆的日记，附记于此："（1921年8月26日）到都益处吃饭，主人为郑来（莱）。""（1929年9月23日）晚间在古益轩吃饭，主人为汪孟邹，主客为江彤侯。"[34]

另一个学界大咖顾颉刚也留下了不少上海川菜馆的诗酒文会记忆：

1923年12月4日：致觉、颂皋、为璋邀宴于广西路消闲别墅。

1926年8月12日：到美丽川菜馆吃饭……晚饭同席：乃乾、雪村、伯祥、圣陶、愈之、予同。

1927年9月2日：到四马路古益轩赴宴……今夜同席：叔平先生、树平、乃乾、何静山、予（以上客），顾鼎梅先生（主）。

1929年3月2日：到适之先生处，并晤梁实秋。邂逅梁式湘，同到天韵楼。到聚丰园吃饭。

1929年3月22日：不广先生邀至聚丰园吃饭，同座为适之、旭生两先生及孟真、予等。

1936年2月6日：应雪村约，到聚丰园川菜馆……今晚同席：

沈从文、王鲁彦、巴金（李芾甘）、李健吾、郑振铎、周予同、孙祖基、予（以上客），章雪村、夏丏尊、丁晓先、范洗人、徐调孚、王伯祥（以上主）。

1937年1月20日：到锦江春吃饭……今午同席：俞颂华、胡仲持、子臧、予（以上客），荫良（主）。[35]

比较而言，上海的川菜馆中，如果鲁迅的最爱是陶乐春，顾颉刚的最爱则非聚丰园莫属了。聚丰园也属当时的川菜新贵："海上近日崛起两大川菜馆，一为广西路小花园之聚丰园，一为跑马厅之南洋菜社。聚丰园昨日宴客，系由余大雄君代邀，肴馔美绝伦。席间飞花醉月，极为热闹。南洋菜社前夜宴客，系由步林屋君代邀，治馔亦精，来宾尤众。"[36]多少年后，唐振常还说"聚丰园为大众化川菜的代表"[37]。此外古益轩也应当是有地位的："前晚两路局长李垕身君设春宴于三马路古益轩川菜馆，宴集两路同人，共设九桌，餐室陈列兰花不少，吐为王者之香，沁人心脾。"[38]

在后来最著名的川菜大腕锦江川菜馆老板董竹君看来，无论陶乐春还是聚丰园，"因其味过浓，麻辣又重，故座上客除少数四川人外，当地人很少光顾，因而生意清淡，盈利不多，有时还会亏本停业"。[39]难道鲁迅和顾颉刚都是重口味？观顾氏1945年7月14日在重庆的日记中所说"陈裕光告我，常吃维生素C，可治伤风感冒。又有人说，多吃辣子可不生湿气，予尚能吃豆瓣酱，此后当常吃"，[40]则其辣的程度并不高。当然也有可能发展到20年代后期30年代初期，川菜的口味日趋麻辣，但早期传统的川湘菜都是不辣的，才有早期闽川菜馆的并称。即便是抗战时期，即便是最嗜辣的重庆，正式的高档一点的宴客还是不辣，著名作家张恨水即有现场的观察："至于饭必备椒属，此为普通现象，愚亦嗜辣，与川人较，瞠乎其后。唯川人正式宴客，则辣品不上席。江南人有应川人之约者，固不必以椒姜为惧耳。"[41]

也好，那董竹君就去开一家传统的味道清淡的川菜馆吧。果然，1935年3月15日，董竹君在法租界大世界附近的华格臬路上开办了锦江小餐（即锦江饭店前身），依倚特殊背景，一开业就顾客盈门，座无虚席，"连杜月笙、黄金荣、张啸林，以及当时南京政府要人和上海军政界人物来吃饭也得等上很久"。后来杜月笙更帮助她"扩充了大小雅座十几间，散座二十多桌的大小餐厅各一间，总共能容纳三百人左右，扩大了好几倍。办公室有了三四间。储藏室、预备室等也添设扩大，工作人员增加了好几十人，改名锦江川菜馆"。[42]

锦江的清淡，从它后来的行政总厨、著名粤菜大师肖良初被视为川帮大师，即可见一斑（详参拙文《上海粤菜厨师的国宴之路》，载《档案春秋》2015年第8期）。这个时候，能与锦江相抗的川菜馆有蜀腴和小花园等。国民党监察院长于右任每到上海，喜食川菜，有的报章如《民报》1937年1月4日第1版径直揭诸标题——《于院长到沪喜食川菜》："闻于氏日来喜食川菜，昨午又赴广西路某川菜社，系应中委张静江之弟之邀约云。"

按图索骥，或即蜀腴，因为是年元旦，新开于此：

本埠广西路小花园对过新设蜀腴川菜馆，为上海川馆之巨擘，设备精雅，招待周挚，特雇名厨烹调，极南北清腴之味，尤于蔬菜独擅特长，大宴小酌，无不相宜。馆主徐君鹤轩，尝谓国菜之特点，在腴者使之清、清者使之腴，惟川菜差能表扬。兹以廿余年精研所得，贡献社会，其伟愿在发扬国光，非寻常牟利者可比。故其定价极廉，且特用小盘，以便小酌，一洒川菜巨簋价昂之积习，要使顾客以最轻微之代价，得极美满之结果。闻已定于二十六年元旦开幕，预定房间座位，极为踊跃，前途发达，不卜可知也。[43]

原来蜀腴和锦江一样，都在回归清腴的传统，但又反拨了传统的昂贵而往价廉物美方向努力，川菜馆的新时代即因此而兴。有时人观察曰：“过大世界对过之路，则见鳞次比偶，大小皆川菜肆也。就中以夏太太所开之一家为最贵，而店面较宽者，则以闽菜馆左右三家为平易近人，所谓华格臬路之东头，无□而成为川菜街矣。”又特别指出，蜀腴标榜的清腴，乃是学的粤菜名馆大东：“小花园有新开之蜀腴，特仿大东茶室例，延用女子进食，服装一如大东，惟菜肴之味，仍与小花园川菜馆伯仲，未足立异，特以川菜为目标耳。”其实这不足为奇。当时正是粤菜馆的极盛期，别说川菜，其他菜系都很难不受影响，这原是菜系同场竞争、互相取长补短的市场规律。最后补充说明川菜之上等菜正格其实并不辣：“或有以川菜之正格询予者，予曰，人皆以为川人嗜辛辣，每菜必椒，其实不然。例如成都菜，大抵以一汤一炒相间，为上菜定格，除‘豆瓣鲫鱼’‘八块鸡’‘鸡丁’

外，辣椒从无加入菜中者，所谓油椒，亦备而不用，但以小碟盛之筵间，自由取食。”[44]其实，湘菜上等菜的正格也是如此。

又有人从另一个角度说明了蜀腴为什么要学粤菜馆，乃是为了“师粤长技以制粤”：“川菜味甲天下，故川菜馆林立各步（埠），尤以京沪为盛。所感美中不足者，巨盎盛肴，坐客少，虽飞箸弗休，亦不克罄，而布置种种，不合时宜。殆因此二点，尚未能与粤菜馆颉颃也。”[45]有报道说，于右任1936年的五十八岁生日，1937年的五十九岁也即风俗从虚岁的六十大寿，均分别假座蜀腴和小花园，席开数十，赫哉盛欤！[46]

川菜馆既风靡一时，那当时到底吃些什么？这是很重要的，向来研究者于此并不着力，笔者在这里也是简单发掘一下，以抛砖引玉。比较早介绍四川菜馆菜谱的是1924年12月21日《申报》上署名熊的《上海菜馆之鳞爪》：

> 四川馆宴客为近来上海最时髦之举，川菜馆亦确有数味特殊之菜，颇合上海人之口味而为别帮所不能煮者：奶油鱼唇、竹髓汤、叉烧火腿、四川泡菜等，皆川菜馆之专利品也。

1925年版的《上海宝鉴》则详细开列了当时川菜馆的四时菜单：

> 常时之炒菜：炒肉片、椒盐虾糕、辣子鸡片、加厘虾仁、炒橄榄菜、炸八块、虾子玉兰片。烧菜：米粉牛肉、米粉鸡、白炙

脍鱼、酸辣汤、奶油广肚、红烧大杂烩。其他：云腿土司、酸辣面、鸡丝卷。

春季之炒菜：虾子春笋、凤尾笋。烧菜：清炖时鱼、红烧春笋、叉烧黄鱼、火腿炖春笋。其他：蛋皮春卷。

夏季之烧菜：大地鱼烧黄瓜、白汁冬瓜方、清炖蹄筋、鸡蒙豇豆。其他：冰冻莲子。

秋季之烧菜：奶油白菜心、红烧安仁、蟹粉蹄筋。

冬季之炒菜：炒羊肉片、松子山鸡丁、炒山鸡片、雪菜冬笋、炒野鸡片。烧菜：四川腊肉、锅烧羊肉、烧踏菇菜、火腿炖冬笋。其他：菊花锅。[47]

从菜名上看，这些菜多不辣，而且烹制要求相对精细，宜受欢迎且价昂贵。不过“丰俭由人”，也有人从各川菜馆专门拣出了一些“价廉物美”的菜单，而且还对各菜有相对详细的介绍，这就更可贵了：

川馆中，炒菜比别处好些，即以平常的炒鸡丁一样，都比他处嫩点。诸位点菜，如油焖鸡呀、粉蒸牛肉呀（略加点辣椒粉）、奶油玉兰片呀（笋名）、虾米四季豆呀、冬菜炒肉丝、黄焖肉等，还有一样爆炒腊肉，味道呒啥。听说这几样，真正是地道川菜呢。

川人家常考究的菜，如虫草（补品名）炖鸭子，其烹饪用虫草几许，多少听便，贯入鸭之腹内，细火清炖，盐宜少，若喜重油者，加肉若干。

豆花这样东西，清洁非常且为素品，热天尤宜，惟烹调麻繁

（烦），川人极喜食之，这几天三马路陶乐春共乐春，大约已经上市了。[48]

聚丰园的鸡鲍扒翅则几能跟粤菜大翅相媲美，《红报》1928年11月22日第3版有文："前晚广西路小花园口聚丰园川菜馆宴请报界，邀柬由余大雄君代发，来宾到者颇众，菜中以名'鸡鲍扒翅'为最佳。"时人在综述上海的菜品时，认为"川菜里面，有几样冷盆，颇为适口，一件是辣白菜，是用辣茄和交菜配成的，味嫩而清口，爱吃的人很多。别家虽然也有仿制，可是总不及川菜馆的鲜美。还有一件是醋鱼，用极久的火候，煮鱼骨酥透，所以吃来酥软异常无骨鲠之虞，而味道也因着火候到家的缘故，很是入味……其他热菜当中，如红烧狮子头、奶油菜心、神仙鸡、纸包鸡等几种，也是拿手杰作。"[49]

然而，从这些"杰作"的名称上看，似已无昔日的贵气了，也是为了因应经济的下行，走向价廉物美的新繁荣吧。你看，以新贵著称的蜀腴公开提倡说其宗旨"非寻常牟利者可比"，故其定价极廉，且特用小盘，一洒川菜巨簋价昂之积习，要使顾客以最轻微之代价，得极美满之结果。[50]其所推介的菜谱，也确实非常大众化：

蜀腴川菜馆，取最新式之设备，开放冷气，故虽值炎暑，而食客盈门。所制新肴，层出不穷，如青椒生炒鳝片，茄子焖田鸡等品，均甚别致。[51]

在结束本节之前，附说一下“失踪”的蜀风川菜社，大约因为它的主人跑路了，所以它也从人们的记忆中消失了：“本市马浪路蜀风川菜社主人文光甫，自日前失踪后，其亲友遍出查访，皆无下落。据悉，文曾任成都前岷江大学教务长，本月三日有友人名王子良者，约赴南市晤谈，嗣即不返。”[52]之所以要提起他，除了我们应该知道有过这么一家川菜馆之外，还应该知道他也是一位文化人。文人开菜馆，在四川是颇有传统的，比较著名的，前有王秉恩，后有李劼人，姑姑筵的黄敬临在不少记载中也是一介文人。

最经济的殿后

上海的闽川菜馆与粤菜馆的起家途径迥异——粤菜馆从物美价廉的消夜馆做起，川菜馆则一开始就走昂贵的高端路线，但往往高处不胜寒，特别是在“更新迭代”，遭到蓄势而来的粤菜的强劲挑战之后，上海川菜馆在二十世纪三十年代后渐趋低落。但是，关上一扇窗，打开一扇门，在粤菜馆渐趋发达高端时，其据以立身起家的“物美价廉”的后院，却遭到了川菜馆最强劲的挑战。

上海作为远东第一都市，虽然商业经济发达，但富裕阶层毕竟是少数，古往今来都是如此，而大多数中下阶层也有饭馆吃饭的需求，如何因应他们的需求？“食在广州”就是很好的启示。广州固然有供应六十元一味鱼翅的大三元一类的大酒家，更有无数以“平靓正”为招徕的小菜馆。如果认真观察，上海也不例外。比如，上海数量最多，生意也最好的，就是那种专为苦力黄包车工人而设的“六个铜板一碗饭，五个铜板一碗菜”的本地馆子，聚集在爱多亚路与北四川路、武昌路一带“两角小洋一碗腊味饭，一角半钱一盘辣椒炒肉丝”的广东馆子则次之，那是瞄准中小资产阶级的顾客，基本维持上午不营业而晚上通宵营业的消夜馆风格。但奇怪的是，这两种号称价廉物美的小馆子，却也学了上海的坏脾气，竟然还要学着大饭店收小费，“因此不能说是纯粹的经济饭馆，而能称为纯粹的经济饭馆的，那就是四川馆子了”。

这种四川经济饭馆如何能别具一格？因为它是冲着学生来的，这简直让人“怀新”（怀念新时期我们的读书时代）。此处多引一段时人的文字，定能引起广大的读者共鸣：

> 上海的大学都是由学生自备伙食的。因此，这一种饭馆应着学生的需要而产生。他们不收小账，饭菜的价钱在一起，多半是每元钱买七张饭票，一张饭票吃餐饭。一餐饭的菜是有规定的，大概是一菜一汤，菜有多种的样式，由客人随着自己喜欢的而点菜，他们常备的菜，如家常豆腐，回锅肉，青墩（炖）肉丝之类，你喜欢吃那样的菜，就点那样的菜，吃完之后，给一张饭票，什么事也就完了，是非常简短爽快的。[53]

在当时，特别是国都定鼎南京以及迁都重庆之后，上海的大学堪称全国第一，市场既然广大，以致本地帮、广东帮都闻风挤入这一市场，不过为着招徕起见，自然仍称四川饭馆。更重要的是形成一个良性循环，即随着这种四川饭馆的发达，许多家庭为了省事起见，也在这种饭馆里包饭了。

其实，延至今日，川菜馆竞争之道，仍然是以价廉物美取胜的。而经济稍一不景气，“价廉物美”是连中高档餐馆也不敢或忘的，于是，“和菜”流行起来，并为粤菜馆特别是川菜馆所主导：

> “和菜”，等于北平山东馆子的“自磨刀”，一元两元以至四元五元，可以一听客便。不过普通的和菜，尤其是“北京馆子”，五元以下的粗的不能入口，其口味还及不上东安市场的润明楼。但此间几家川菜馆和粤菜馆的出品则都能令人感到舒服，比起北平的大陆春、新广东来新鲜而适口了。[54]

同时人们发现，经济不景气所造就的这些川粤经济饭馆，才是真正的川粤菜馆的全盛时代：

> 以前，吃便饭多往小饭馆去，楼下讲钱码，一碗咸肉豆腐汤，一碟烂糊肉丝，白饭两盅，所耗只不到半块钱，在当时可算无上便宜了，但后来有几家广州菜社，就楼下辟经济小吃部，每只菜只二角至三角，鸡鸭鱼虾，应有尽有，对于三四人合共小酌，是最相宜的，所以一般经济朋友，多舍小饭馆而去光顾广州菜，一时四

马路浙江路一带，接连开着十多家，为粤式酒家的全盛时期。

后来三马路上，又开了几家川菜小吃店，本来川菜在上海是最高贵的，自几家便饭馆开幕后，渐由贵族化而转变到通俗化，化（花）一元左右即可一尝蜀中异味，而三四角钱的一种客饭，更是无上经济实惠的。[55]

我们再搜罗一下从20世纪20年代后期到30年代后期这十年间上海川菜馆的歇业、开业信息，大多因贵而歇、因廉而兴。1928年，曾经有名于时的共乐春川菜馆歇业改组了："共乐春川菜馆，前以主人劳介眉亏款停办，房东哈同以生财抵房租，乃复由王翊宏等改组协记续办……"[56]像《成都大新楼川菜馆开幕盛况》，一看标题，以为是什么大酒楼，再一看内容，原来不过是"三马路成都大新楼便饭处"，尽管声称"馆中厨师系专聘川中名手，选菜出菜，纯照成都办法，而菜味尤属川味中之杰出"，其实都是些普通的大路菜："其中辣子鸡丁、鸡油丝瓜、酱烧茄子、卫生豆花，尤深得客人赞许。"[57]

从奢华向经济转型的大势，早期豪华川菜馆都益处老板廖海澄的际遇最具典型性和代表性。由于奢华路线难继，他在1928年将菜馆出让给秦广记：

据都益处广记川菜馆号东秦广记声称：都益处川菜馆开设上海爱多亚路，前号东廖海澄无意经营，凭中情让盘与秦广记名下，计大洋二万一千五百元，自本年阴历八月十六日起归广记继续营业，所有从前都益处或廖海澄名义人欠欠人往来账目及代人作保等事，均归廖海澄君负责理结，与都益处广记无涉，合行代为登报通告，此启。[58]

接着就在即将开业的大中华饭店开办川菜部：

大中华饭店开设上海四马路跑马厅，谨择于夏历十二月初六日先行交易……闻前都益处主人廖海澄君烹饪精美，海上驰名，特聘其承办本公司筵席菜点，以便旅客，各界诸公盍兴乎来。[59]

听起来好像格调不俗，但事实上旋即打价廉牌了——"每客仅取五角"，较之都益处时代每客动辄二三元以上，相去数倍：

大中华川菜部，系轩苐康律师分事务所主任程树芝及前都益处主人廖海澄所组设，布置之美暨烹调之精，早为沪地人士所赞许。今春起内部复大加改良，添增客饭，每客仅取五角，藉次普及，故日来座客常满，大有应接不暇之势云。[60]

可这样还是开不下去，不久又转到南京饭店去了：

本饭店在英租界山西路（即盆汤弄）特建七层大厦，辟二楼开设南京川菜社，由廖海澄君承办……[61]

当然仍是主打经济廉价牌：

……大宴则珍错毕陈，小食则蒸炸都全，点心特制……定价格外克己，敢保来宾满意而归。现择于今日与南京饭店同时开幕。[62]

尽管如此，也只开了三四年：

四川人廖海澄，前在本市开设都益处川菜馆，因营业不振，出盘与人，后承包山西路二百号南京饭店内附属之川菜部营业……亦因营业清淡，于上年底总结账时停歇……[63]

看来，不能放下架子做真正的经济川菜，是做不下去的。因为走经济路线，所以很多川菜馆纷纷开了出来，单搜罗在报章打广告或软广告的，已不少见。如1929年5月5日云南路云南楼川菜馆开业广告说："春楼家老四亦为一股东，四年前加入美丽川菜馆，未能惬意，丧其资斧，今又再接再厉，达到目的，惠然轩之外，已无多让，改良川菜，亦迎合时尚之一也。"[64]这里面点到了好几家川菜馆，所谓"已无多让""改良川菜"什么意思？无非求其经济适口耳。

再如六合居川菜馆说开设英法两界二十余年，今夏由大世界移至广西路民和里口，"因陋就简，未便率尔正式开业，现因东川名司到齐，特订于九月二十八日正式开张"。[65]所谓迁址重开，"因陋就简"，也是要走经济路线了。三马路慕尔堂对面的玉壶春四川菜馆更直接宣告"定价低廉，桌菜格外从丰，小吃尤为便利”，并称这正是“川菜馆中之特色”。[66]

二马路永安公司后面的悦来川味小食馆“吹水”说是“四川厨司专聘到申，新增坐位门面刷新，应时小菜烹调鲜精”，然后却最直白地告诉你有多便宜多经济：“特备餐券，每元三张，招待周到，欢迎来宾。”[67]也就是说，一元钱可供三人吃一顿，较之前述都益处原老板开设的大中华川菜社每客五角，又廉价了不少。还有无名小馆，取值就更廉，味道也不真的必差：“川菜味美而直昂，小酌不便。有川味小吃处者，在宝善街怡园下层，缘石级上，别有洞天，烹调不下陶乐春、都益处等川菜馆，而取直仅及其半。主人蒋鹏程司割烹，李树青司招待，尤无川馆隔阂之弊。”[68]三马路广西路口的峨眉川菜馆，突出“菜点一律小洋”，也是一种经济的表现。[69]

往川菜馆靠拢的滇川菜馆，走的也同样是经济路线：“吕班路麦赛而蒂罗路口新开之洁而精之滇川菜馆，其庖人为滇中某巨室家厨，所制各菜，鲜美精致，别有风味，其最著名之炸松针、翠湖鱼、醍醐豆花等，即在滇中，亦甚名贵，且肴馔清洁，取价低廉，夏令小食尤极相宜也。”[70]

因为价廉物美，食客自然趋众，开设成本也被摊薄，遂有“小规模川菜馆大盛”的报道出来：“近日，小规模之川菜馆大盛，麦家圈双凤园内，有云记及沪海春，五马路沿有川味香……”[71]风气之下，甚至有粤菜馆改川菜馆的现象，如珠江路中珍珠桥川菜馆梅花酒馆即为原来的粤菜馆改成。[72]

食客趋众的另一体现是，很多高大上的宴集活动都愿意“屈就”这些名不见经传的经济饭馆了。比如四川旅沪记者协会的聚餐例会，就假座华格臬路成都川菜馆[73]；上海五卅中学的教职员聚会，也选择在大西洋川菜馆举行。[74]大世界西华格臬路的蜀蓉川菜社这种小菜馆，敢“邀本埠新闻界往尝试佳肴，到者二十余人，表示满意而散”，真有小鬼当家的味道。[75]再则四马路口的成渝川菜社上海分社开业典礼声势似颇盛大，请了“名票李元龙播送平剧”，因为活动在电台搞，其实成本也高不到哪儿去，最关键的他们还是以价廉吸客：“其名产有特制之蜀中著名浑浆豆花，清凉可口，每份仅售一角……”[76]

经济川菜的盛行，形成了川菜的代表菜“四川小炒”，并与“广东烧烤”“北平清炖”并称为“中国食谱上的‘三绝’，也可称为‘国粹菜’”。时人说特别适合年轻小伙子偶约二三友人聚餐，“花钱不多，而且津津有味”，甚至说以前小炒不兴的时候，偌大一个上海市，稍出名川菜馆“只有聚丰园、荣记二三家，而且蜷伏在巷堂里不敢出世”，“这几年来陆续添了陶乐春、锦江、小花园、经济、重庆楼、蜀蓉、成渝，总共不下二十余家。小花园附近，及华格臬路，差不多成了两个川菜区呢”！不过，作者也承认“经济小炒”毕竟是“经济小炒”：“话得说清楚，小炒虽是价钱巧，滋味好，究竟不及烧烤、清炖来得大方、正派，所谓‘不能登大雅之堂’。尤其是那辣椒有点令人张口咋舌，珠泪双流！许多温文有礼的人是不敢领教的。”[77]

文章中提到的经济川菜社曾经在《社会日报》连篇累牍地打广告，似乎确实价廉而物美——“特设经济菜，每客售洋四角，连饭在内。”[78]“汉口路六九八号经济川菜社，营业极为发达，拟于端节中扩充范围……[79]三马路广西路西的经济川菜社，不知同名还是别一家，号称“海上著名川菜馆，素有标准川菜之名，该社主人，交游素广，营业蒸蒸日上，现届周年纪念，内部大加革新，并将门面扩大，菜肴佳妙，早已有口皆碑，现应社会需要，特备大盆小盆二种，价目奇廉，凡欲尝物美价廉之菜肴者殊有一试价值”。[80]自诩如此有名，取价却又如此奇廉，大概只有川菜馆才做得到吧。

凡此种种，比较起1929年5月成立的上海三马路大舞台西首大新楼川闽菜馆，还沿袭早期的套路，称“何妨尝川闽异味”，[81]实在已经是通过走经济实惠路线而“换了人间”了。

从战时“孤宴”到战后繁华

1937年8月13日，日军启衅，上海渐渐沦陷，而租界尚存，繁荣不尽，出现所谓“孤岛”时期，川菜馆也因应变化，姑可名之为“孤宴”时期，因为似乎有超越经济小炒重回豪华贵气的趋向，似乎也是成功的：

上海之有高尚川菜馆，以前只有陶乐春、都益处、美丽等三数家，八九年前，三马路一带开了不少川帮饭馆，规模并不大，可是他们以“家常便饭”为标榜，很合上海人的口胃，所以营业甚盛，陆续开出的，有数十家之多。

不过这种“便饭馆”，风行了没一两年，风气又变了！在三马路和小花园一带，接连出现六七家富丽堂皇的川菜馆，其间以蜀腴、蜀蓉、成渝、小花园、聚丰园等几家最出名，相隔不多时，大世界西首开了一爿“锦江”菜社，里面布置的精雅，设备的富丽，可称独具匠心……除锦江以外，蜀腴，小花园等几家，设备布置，也相当讲究，像现在夏天，多装有冷气，顾客都是上流人物，无论小酌或整席酒菜，并不算贵，宴请客气的宾朋，最为相宜。[82]

据此，大体可以说这种转型是成功的。刚开业时声明要走廉价路线的蜀腴，也迅速向高档转型，比如著名的状元实业家张謇之孙张融武的大型豪华婚宴都设在那儿，就很可以说明问题：“是日来宾到者极多，梅兰芳也赶来道贺……”著名戏剧史评家张古愚并作趣文《听了予倩一席话省落蜀腴三碗饭》[83]以记之。此盛况一直延续到战后，比如1946年4、5月间，迁回上海的《新民报》主持人陈铭德、张慧剑等，就是在蜀腴招待上海各报社巨子，其中也包括新闻界的老饕严独鹤。[84]

也可以说，终民国之世，蜀腴都是沪上川菜名馆：“地道川菜，驰名全国，价廉味美，誉满沪滨。设备现代化，招待周到化，既闻名而来，必满意而去。”[85]川籍文化大家唐振常对蜀腴所保持的川菜传统，印象尤为深刻：“写到川菜，蜀腴为正宗。一九四七年，刘文辉将军驻京代表范朴斋宴上海新闻文化界诸人于此，难得的是，全桌没有一样辣的菜，保持了四川人正式宴客绝无辣菜的传统。”[86]顾颉刚的战后上海之行，很少记饮食之事，但曾两记蜀腴之行：

> 1946年9月17日：到蜀腴赴宴。
>
> 1946年10月16日：到蜀腴应宴。

另有两次锦江之行：

> 1949年5月15日：到雁荡路锦江菜馆，晤振宇等，吃点。
>
> 1949年7月9日：到宁海路锦江川菜馆赴宴。[87]

当然，川菜馆取代京菜馆不算啥，几欲取代粤菜馆，那才真算得上牛气：

> 粤川两帮——上海的菜馆，当以广东帮势力最为雄厚，近年来四川菜馆，因了菜肴的鲜美，恰合于上海居民口味，生涯大盛，大大小小的川馆，开设了不少，与广东馆同为上海菜馆两大帮，雄视同行，到处可以见到……四川馆以前，都益处曾震动了全上海的老饕，现在却已普遍开设，如聚丰园、蜀腴、金刚等，都很著名，所有的菜肴，有特殊风味，滋味鲜美，胜于广东菜，因能雄峙于上海的菜馆业中。[88]

在此期间成长的几家川菜馆，还发展成了后来的历史名店。比如，洁而精川菜馆：雁荡路82号，创建于1937年，供应独具一格的上海美味川菜，发扬百菜百味特色，吸引了中外宾客。绿野饭店（原名绿野新村）：淮海中路689—695号（网点置换），创建于1937年，经营川扬帮菜肴，特色菜点有鱼香肉丝、麻辣豆腐等，深受消费者欢迎。其中，绿野饭店还培养出一位川菜大师："林万云，1922，绿杨村，特级川帮烹调师。"创办于1938年3月的威海卫路梅龙镇酒家（1942年迁南京西路1081弄22号），则更加故事丰富：菜馆的得名源于京剧《游龙戏凤》中的一面旗幡，其与戏曲界结缘也自在情理之中，比如"越剧十姐妹"曾在此举行结拜仪式，上海的文人雅士也每每聚首于此，并一度成为中共地下组织和文化界进步人士进行秘密活动的场所。特别是因首创香嫩滑爽、清鲜醇浓的"海派川菜"，梅龙镇酒家成为政府的重点接待点，周恩来总理也曾于1958年7月14日光临做客。[89]

不过，尽管有高档川菜的畸形回潮，但形势比人强，总体经济形势是下降的，经济川菜肯定会继续"发扬光大"。所以，1938年1月13日开幕的浙江路小花园川菜社，标价更廉："经济小吃，每客三角一菜一汤，每客五角二菜一汤，连饭在内，奉送香茗。"[90]但这小花园可不是普通的经济川菜馆，而是号称川菜大王的；能天天在报章打广告，也是实力的体现：

本埠浙江路小花园二一一号小花园川菜社，为沪上最完美之川菜社，堪称“川菜大王”，盖以该社无论在烹调、设备、装璜各方面，均别创一格……[91]

春节宴客请到浙江路二一一号小花园合记川菜社……[92]

而且舆论也认为他们当得起“川菜大王”的称号，并有名家共赠此牌匾的盛举：

“八一三”战事开始，沪上商业大受影响，就是菜馆业当然也不能例外。

昨日我与知友数人，聚餐于小花园川菜，到了目的地却出我预料之外，早已宣告客满，经他们经理严逸星君特别设法，勉强得一立足地，其盛况真是空前了。

……

前日海上各弹词名家共赠扁额一方，上书“川菜大王”四字，这说得一点也不夸大，至少在上海的川菜馆中，川菜之王，受之无愧矣。[93]

当然这也可以并行不悖，就像股票可以百酒齐跌而茅台独涨，有高档川菜馆满足日伪上层的畸形需求，有经济川菜馆满足广大市民普通需求，反而能使川菜馆更健康地发展。同时，也不妨碍知名川菜馆的丰俭兼顾，比如蜀蓉川菜馆也开卖经济早点一样。[94]

到了战争后期，整个国家因为战争的耗竭，生活水准大大下降，辣椒咸菜，最是下饭“利器”，所以上海经济川菜馆大有因此而再兴的意味，看看后期层出不穷的川菜馆开业广告即可见一斑。比如1944年4月萝蔓饭店盛记开业自称“名厨调制川菜”；西藏路金谷饭店西藏厅强调“正式川菜，硬派作风，没有音乐舞池歌唱，完全在吃头上讲究”；五星小餐、大观园相继开业均宣称主营川菜。[95]就像时下因为经济下行及电商和外卖等的冲击，很多饭馆转手频繁，当时也是，但转来转去，还是转成川菜的多，比如蜀云就是：“一年以来新仙林之花园酒家，凡三易其名，去年下半年后称宁波味圃，近数月来又改川菜，则招牌为蜀云小餐矣。”[96]

由于“各省人士在大后方住久，习惯麻辣，还有后方生的川娃儿，没有辣椒不吃饭，形成川湘云贵各省的饭馆到处风行，变成一枝独秀了”。[97]等到战胜归来，上海的川菜馆自然较前大兴，并特别突出正宗四川特色。比如四川人王兴，就跑到上海开了一家川菜馆“上海酒楼”，开设厅房二十余间，效法广东餐馆设大礼堂和火车椅，也标榜“正宗川菜”。[98]他还在开幕广告中称自己正宗到“与重庆之九华源、成都之姑姑筵同称三绝”，因而“宾客盈门，盛极一时”；[99]还敢夸口说上海酒楼“味胜重庆‘九华源’、成都‘姑姑筵’”。[100]上海警备司令曾假座宴客，可谓宣示上海酒楼地位的标志性事件：“宣司令指示剿匪七办法，晚七时，宣司令并在江宁路凯歌归上海酒楼欢宴出席各官长。”[101]只不知上海酒楼何时又结缘著名的重庆川菜馆“凯歌归”了：“‘凯歌归’以前在重庆便是头等的酒菜馆，胜利后到上海来，如今也打定基础了。主人为黄埔军人李岳阳，极好客。”[102]

很有意思值得特别提出的是，除了沿自战前的锦江饭店的女老板董竹君，新开的好几家川菜馆都是女子掌柜，依稀可见“文君当垆”的传统：

> 近年来比较时髦的川菜馆，都在静安寺路，梅龙镇开设已久，去年开了一家南海饭店，今年又开了一家上海酒楼，最近西藏路的金谷饭店，辟了一个四海厅，专售川菜。南海的主持人，不知是谁？梅龙镇，上海楼以及四海厅，却都由女人在经理着。梅龙镇的吴湄，是戏剧家……四海厅是由新闻业前辈张竹坪的夫人做“挡手”，张太太从前在内地也开酒菜馆，所以这位“挡手”原是老手。上海楼则是二位朱小姐，她们都是画家，也都是唐云的学生。[103]

稍后《申报》1947年1月16日第9版《“吃”在上海特辑：异军突起的川菜》也特别提到了川菜馆“文君当垆”的形象，只是记述略有出入：“川菜馆里，女老板独多，锦江经理董竹君，原籍江苏，于归四川，故以川菜闻名。梅龙镇上座客，颇多艺术界中人物，这是因为女主人吴湄，有声于话剧界的缘故。新仙林隔壁的上海酒楼，也是女主人，乃画家朱尔贞、朱蕴青所设立，艺术家和川菜有缘，她们都是有修养的人，经营方法，当然与众不同。”

后来声称经营“正宗川菜，标准西餐”的四姊妹饭店，老板也应该是女老板当家吧。[104]不过，《“吃”在上海特辑：异军突起的川菜》中提到川菜馆“扬点川菜”的特色，更值得我们重视：“近来扬点和川菜，好似结了不解之缘，有几家川菜馆，像绿杨村等，大都兼卖扬州点心，‘扬点川菜’，合为一词，人人皆知。”

川扬并举，确乎一时所尚：“西藏路中爵士渝园餐厅改组就绪，延卢欣甫任总经理，并自成都聘来名厨司，昨日起重行开幕。川菜扬点之外，且售咖啡茶座。”[105]“四川菜肴，迩来为沪上最时髦之食品，红玫瑰菜社，以新派作风，创设于亚尔培路回力球场对门，专制川菜冷饮，扬州点心……”[106]著名的梅龙镇酒家，也标榜川扬菜，唐振常则认为“多少已上海化了”。[107]绿野饭店（原名绿野新村），更是以“经营川扬帮菜肴”后来成为历史名店，并培养出川菜大师林万云。[108]

如果我们联系川菜馆早期川闽并举、中期师粤制粤，如今又“扬点川菜”的种种创新之举，则可窥知其如何入乡随俗、兼收并蓄、坐稳做大之路径，也可想象其后来走出国门何以能“炮制”出“左宗棠鸡”以适生存并求发展了。沪上川菜馆的这种创新还曾“倒灌”故乡呢。比如重庆竟然也出现了一家与上海著名川菜馆同名的蜀腴，并在上海的报章打广告称“特聘沪汉名厨，烹调新型川菜”。[109]

更能彰显川菜的鼎盛及成功的，还不是川扬兼营，而是别人兼营或改营川菜，特别是向为上海滩龙头老大的粤菜馆，像著名的东亚又一楼，都改营川菜，可视为标志性事件。“东亚又一楼酒家，前为扩充内部暂停营业，现业已改造就绪，并加装修工竣，于前日起复业。该楼改营正宗川菜及著名粤点，内部焕然一新，当为沪上第一流酒菜馆云。”[110]在香港，这种情形更突出，可参见前文《民国川菜出川记》。以至于有人说：“粤菜在上海已渐见没落，A CLASS的酒菜馆，如今大多卖川菜和湖南菜。”[111]也有人说：

> 全中国人之言享受，上海人可谓得天独厚，山珍海馐，佳肴名果，胥尽沪人大快朵颐以后，始及于内地。当寇氛江南之时，海上人仕（士），群喜粤菜，华字头酒家，鳞次栉比，即此故也。胜利以后，重庆人的大批复员，“要得”既尊为国语，川湘菜肴，乃夺粤菜之宠。是故向日顾客，如山阴道上之广州酒菜馆，今多门可罗雀，反之川湘菜馆，户限为穿。六十年风水轮流转，开菜馆亦须当令也。[112]

这种种说法，虽不失夸张，尚不属悠谬；回望历史，还是应祝贺川菜。

注释：

1 伯琦《上海菜馆》上，《社会日报》1942年12月22日。

2 严独鹤《沪上酒食肆之比较》，《红杂志》1922年第33期。

3《常识》1928年第1卷第92期。

4《申报》1924年12月21日第19版。

5《醉沤斋广告》，《申报》1913年1月31日第4版。

6 横山《海上花丛之沿革》之《菜馆之新陈代谢》，《小说新报》1915年创刊第1期，第6页。

7 海云《沪上商店之楹联》，《申报》1926年1月28日第18版。

8 钏影《海上蜃楼》第十三回《编歌剧汪伶叹孤诣 研梵文苏子译新诗》，《申报》1924年12月19日第17版。

9 参见彭华《华阳王秉恩学行考》，《中国典籍与文化》2011年第3期。

10《叶衍兰集》，上海古籍出版社2015年版，第450页。

11《川人组织四川善后协会》，《申报》1919年4月12日第10版。

12《施家吉妻诉请离婚讼案》，《申报》1935年7月12日第12版。

13 郑逸梅、徐卓呆《一称报馆街的望平街》，见《上海旧话》，上海文艺出版社1986年版，第65页。

14 同本页注2。

15《申报》1925年11月10日第17版。

16《上海饮食服务业志》第一篇《饮食业》第七章《名店名师》，上海社科院出版社2006年版，第75页。

17《上海四川菜馆同业公议新正月初五日开市一律大洋》，《申报》1920年2月23日第1版。

18《四川菜馆同业增价声明》，《申报》1921年9月20日第1版。

19 中央书店1934年版，第220页。

20 陈漱渝等编：《鲁迅日记全编》下册，广东人民出版社2019年版，第27、28、53、89、93、102页。

21 同上书，第47、48、155、245、272、313页。

22 姜建、吴为公著：《朱自清年谱》，光明日报出版社2010年版，第58页。

23《鲁迅日记全编》，第49页；《朱自清年谱》，第52页。

24《菜馆公会昨开同业会议》，《申报》1925年11月24日。

25 剑夫《荀慧生宴客于陶乐春》，《小日报》1934年3月30日第2版。

26 王统照《欧游日记》,《新文学史料》1997年第1期。

27 陶菊隐《记者生活三十年》,中华书局1984年版,第77页。

28《邵元冲日记:1924—1936年》,上海人民出版社1990年版,第62、77、78、433、434、479、498、1344页。

29 梁实秋《豆腐》,见《雅舍谈吃》,湖南文艺出版社2012年版,第146页。

30《儒林新史之一页》,《论语》1936年8月1日第93期,第6、8页。

31 龚继民、方仁念著:《郭沫若年谱》,天津人民出版社1992年版,第126、134、166页。

32《新自日本归国之郭沫若》,《礼拜六》1937年第702期,第22页。

33《胡适日记全编》,安徽教育出版社2001年版,第三册第448页。

34 同上书,第四册第72页,第五册第523页。

35《顾颉刚日记》,台北联经出版公司2007年版,第一卷第425、779页,第二卷第82、85、87、258、264页,第三卷第439、558、592页。

36《海上近日崛起两大川菜馆》,《琼报》1928年11月26日第2版。

37 唐振常《乡味何在》,见《饔飧集》,辽宁教育出版社1995年版,第18页。

38《琼报》1928年2月19日第2版。

39 董竹君《我的一个世纪》,生活·读书·新知三联书店1997年版,第247页。

40《顾颉刚日记》,第五卷第497页。

41 张恨水《重庆旅感录》,《旅行杂志》1939年第13卷第1期,第51页。

42 见董竹君《我的一个世纪》,第251、253页。

43《蜀腴川菜馆元旦开幕》,《申报》1936年12月31日第14版。

44 知能《川菜街巡礼》,《小日报》1937年2月18日第2版。

45 伊人《海上将有贵族化川菜馆》,《晶报》1936年12月29日第3版。

46 朱凤蔚《记于右任先生生平》下,《万象》1942年第8期。

47 王后哲辑:《上海宝鉴》,上海世界书局1925年版,第十四编“饮食指南”。

48 芳尘《川菜之小供献》,《荒唐世界》1927年6月10日第2版。

49 使者《上海的吃》之三,《人生刊》1935年第1卷第5期。

50《蜀腴川菜馆元旦开幕》,《大公报》上海版1936年12月31日第14版。

51 老饕,《晶报》1937年7月12日第3版。

52《蜀风川菜社主人文光甫失踪》,《大公报》上海版1937年4月25日第8版。

53 见《上海的经济饭馆》,《大公报》上海版1936年8月8日第13版。

54 陋公《上海的饭食店》,《大公报》上海版1936年5月26日第12版。

55 叔君《市面不景气　经济小酌风靡一时》,《大公报》上海版1936年7月26日第13版。

56 红，《晶报》1928年11月9日第3版。

57 《新闻报》1929年8月13日第2版。

58 《蒋士杰律师代表都益处广记川菜馆启事》，《申报》1928年9月29日第6版。

59 《申报》1929年1月11日第1版。

60 《大中华饭店川菜部扩张营业》，《新闻报》1929年2月16日第16版。

61 《南京饭店启事》，《申报》1932年7月10日第7版。

62 《南京川菜社澄记开幕露布》，《申报》1932年9月16日第1版。

63 《前南京饭店川菜部账房章远帆遭暗杀》，《申报》1937年6月26日第15版。

64 有鬼《廿五两件事：魔术照相云南楼川菜同日开幕》，《琼报》1929年5月5日第3版。

65 《六合居京川菜馆正式开张》，《新闻报》1929年11月9日第16版。

66 《玉壶春川菜特色》，《时报》1930年12月8日第6版。

67 《申报》1931年5月3日第19版。

68 《晶报》1929年4月24日第3版。

69 《社会日报》1932年9月8日第2版。

70 《东方日报》1932年7月6日第1版。

71 《晶报》1929年5月24日第3版。

72 《梅花馆改营川菜》，《中央日报》1935年12月8日第7版。

73 《两团体商救川灾　筹组募赈川灾游艺会》，《大公报》上海版1937年5月10日第7版。

74 《校闻：教职员举行聚餐会》，《五卅校刊》1936年第4卷第26期，第2页。

75 《蜀蓉川菜社昨招待新闻界》，《新闻报》1936年11月7日第15版。

76 风流道人《名票李元龙播送平剧：成渝川菜社开幕，假座于华兴电台》，《游戏世界》1936年7月29日第3版。

77 子明《四川的小炒》，《大公报》上海版1936年11月15日第15版。

78 《经济川菜社开业》，《社会日报》1935年3月22日第1版。

79 《社会日报》1935年5月30日第1版。

80 《晶报》1936年3月23日第4版。

81 《大晶报》1929年6月9日第2版。

82 红绒《上海的川菜馆》，《锡报》1938年7月28日第3版。

83 《十日戏剧》1938年第1卷第23期。

84 老庄《蜀腴伙计"久仰"严独鹤》，《风光》1946年第9期第3页。

85《蜀腴川菜馆》,《大众夜报》1948年5月3日第1版。
86 同本章注37。
87《顾颉刚日记》，第五卷第719、727页，第六卷第457、484页。
88 南宫《上海菜馆的阵容》,《总汇报》1939年11月23日第3版。
89《上海饮食服务业志》第一篇《饮食业》第七章《名店名师》，上海社科院出版社2006年版，第74、77、78、85页。
90《小花园川菜社》,《社会日报》1938年1月14日第4版。
91《川菜大王小花园川菜社》,《力报》1938年1月23日第4版。
92《川菜大王》,《东方日报》1938年2月19日第3版。
93《请问川菜谁家好，上海有小花园》,《东方日报》1938年2月27日第4版。
94《蜀蓉川菜馆经济早点》,《时报》1938年4月12日第6版。
95《社会日报》1944年4月30日、9月18日、12月23日、12月27日第4版。
96 唐大郎《蜀云小餐》,《繁华报》1945年6月11日，收入《唐大郎文集》第8卷《西风人语》，上海大学出版社2020年版，第244页。
97 唐鲁孙《吃在上海》，见《中国吃》，广西师范大学出版社2004年版，第81页。
98《商业小志》,《大公报》上海版1946年7月28第5版。
99《上海酒楼开幕》,《申报》1946年8月6日第4版。
100《正宗川菜松风夜宴风味独特》,《申报》1946年8月7日第9版。
101《确保沪郊各县治安　举行十县警备会议》,《申报》1947年5月11日第4版。
102 易秋《川菜和湖南菜》,《小日报》1947年12月2日第4版。
103 陶甄《川菜馆之“女掌柜”》,《诚报》1946年8月28日第3版。
104《四姊妹大饭店》,《力报》1947年4月21日。
105《本市简讯》,《申报》1947年2月11日5版。
106 萧萧,《和平日报》1947年3月29日第5版。
107 同本章注37。
108 同本页注89。
109《新闻集锦·渝蜀腴川菜馆……》,《大公报》上海版1946年7月23日第7版。
110《东亚又一楼改营正宗川菜》,《中华时报》1947年9月8日第4版。
111 易秋《川菜和湖南菜》,《小日报》1947年12月2日第4版。
112 闻天《川湘粤菜鏖战纪》,《力报》1948年1月9日第2版。

第三章

以川馆为家厨：谭延闿的沪上岁月与川菜情缘

清季民初，北京谭瑑青的谭家菜与长沙谭延闿的谭府菜，并称“南北二谭”，在饮食界享有盛名。在笔者看来，二者还对粤菜和湘菜两大菜系的形成和发展起过引领性的作用，在他处已多为言说，兹不赘述。这里想要着重指出的是，谭府菜可不是像谭家菜那样株守京城，菜式基本不用变换，而是在老家长沙之日甚少，在广州、上海之日居多，并且不断遣曹厨从各派各家学习新厨艺制作新菜式；更不像谭家菜那样自己开店迎客，简直是上馆子多于吃家厨，特别是在广州和上海——广州有“食在广州”的盛誉和同年江孔殷的太史家宴，上海则是中国最大的商业都市和各大菜系最发达、竞争最激烈，同时最具诱惑力的餐饮市场。在上海，谭延闿各大菜系都不嫌，只要好吃都去吃，但相对而言，最青睐的是先闽菜后川菜，还大有以川馆为家厨的味道。

初试川菜

从现存史料（主要是日记）来看，谭延闿初尝川菜，当在1911年4月他以湖南省咨议局局长身份赴京参加预备立宪活动，5月12日所赴的全蜀馆之宴："赴全蜀馆，李缉庵、萧秋恕招饮。凡两席，皆同人。席已半，余与梁、汤、李、黄、郑同座，饮十余杯乃散。"22日的日记中也提到"尚有全蜀馆一局"，但"托味舆谢之"，并未与席。[1]全蜀馆虽非菜馆而是会馆，但川味之浓，毫无疑问会胜过川菜馆。

谭延闿在上海初尝川菜的记录则见于他在参加"二次革命"后，1914年被迫出京，寓居青岛，常赴沪杭时，具体时间在1914年3月26日："八时起食粥后，吕满来，俞三偕成习之来，邀余兄弟及吕满步过筠庵，立谈而别，乘电车至式式轩，四川馆子也，菜殊不佳。"而他1914年2月26日从青岛初抵沪，即"午饮王宝和酒，小有天菜，皆大佳"。此后连续两天均是闽菜馆小有天："（27日）出至小有天，俞寿丞招饮，梅庵已在，相见大喜，以所携酒痛饮，尽醉。""（28日）邀道士同赴小有天，吕满作主人，大武亦来，出携酒同饮，饮半，子武来，菜甚佳。"3月1日饮于聂云台家，间隔了一天，3月2日又是小有天："赴小有天，应李梅庵约，俞恪士、寿丞、张子武、吕无闷、大武及三儿均在。李开四十年陈酒，色如金珀，味淡而永，不愧佳酿，菜亦甚精。于是小有天之拿手菜鳊鱼、五柳鱼，香椿鸡、捶笋皆尝遍矣。"[2]

由于川菜第一印象之不佳与闽菜第一印象之大佳，此后近一年时间里，谭延闿外出吃饭，都是闽菜馆，直到1915年2月26日，才去了另一家川菜馆，印象仍然不太好："午偕大武、吕满乘马车至民影照相馆，各拍一半身小像，遂至神州国光社看字画，买《翁常熟诗集》。乃入古渝轩，俞三、陈伯严、李筠厂、张子武先在，李道士后来，同人为俞三补祝也。有鱼翅、烧猪，翅虽不精而尚可吃，猪则周身蛇皮癞，干涩如枯油渣，可谓冤矣。他肴亦平平，而去廿五元之多，真不值也。”[3]

这式式轩和古渝轩，均是上海的老牌川菜馆，而尤以式式轩资格为最老：“川馆以兆富里之式式轩、望平街之醉沤为首创（醉沤门之左右悬有联语曰：‘人我皆醉，天地一沤。’似李梅庵笔），一时生涯大盛。继起者遂亦不少，如古渝轩、锦江春等，今之都益处、陶乐春已皆在后。”[4]式式轩开业的时间一说1907年，一说“民国元年”（可参见本书第47、48页）。

民国元年之说，与《申报》1914年10月28日第12版的《式式轩迁移广告》所示较为接近：“本馆开设四马路石路兆贵里口已历数年，颇承各界诸君称许，毋庸赘述，惟房屋湫隘，常有后至者徒劳跋涉，本馆主人抱歉实深。兹不惜重资，在就近北首兆富里口建造新式楼房，现已工竣，定于阴历九月初十日开张，屋宇较前整洁，大厅又属宏敞，特备各界公会以及喜酒寿筵之用，堂倌伺应周到，菜蔬力求精良，遇事细心研究，无不精益求精。”

至于醉沤斋，则要晚上三两年：“本斋开设三马路口望平街中，选集川厨，略备乡味，坐次雅洁，招待周全，士女来宾，内外区别，小酌全席，因应咸宜。兹择于阴历正月元旦日先行交易，十三日开张，倘蒙惠顾，不胜欢迎。特此广告。”[5]

其实古渝轩的开设，也在民国元年稍后，并不比式式轩和醉沤斋晚多少——1914年底从广西路中迁往小花园时，已经开业数年了："本轩开设广西路中，历有年所，颇承赐顾者所称许。惟轩居僻左，未便交通，兹移在小花园西口一二两号洋房，定于旧历十一月初二日开张，屋宇宽宏，庖厨精源，足供喜事寿筵之用。随时小酌，取值尤廉，男女来宾，分设雅座，官商惠顾，无任欢迎。"[6]稍后又扩充营业："本馆开设小花园多年，因旧主拟扩充营业，用便惠临。现由友另添基金，加名鑫记，改良一切办法，照旧开张。"[7]再后来，更引进其他菜系，兼容并蓄："本轩开设多年，素蒙各界推许，兹为推广营业起见，加聘北京、济南、河南等省名厨十余人，研究烹调，务求清洁适口，并将房间大加扩充，装设精致，所有服役茶房招待人等，一例雇选能手担任。兹订旧历八月初一日开张，届时尚请各界光降尝试，曷胜欣迎之至。"[8]这种杂糅，使口味不纯，品质不一，难怪谭延闿时有夸奖，时有责言。

虽然谭延闿第一次去古渝轩的印象并不见佳，但嗣后再去，却渐入佳境，进而夺闽菜之席，开启了"以川馆为家厨"的沪上饮食岁月。第二次去古渝轩是1915年5月3日："周继皇招饮古渝轩，与大武趁电车往，车中遇范静生，谈甚久。及至，主人及仲云先在，道士率其庶母之侄来，及入席，习之乃至。菜尚精，饮微醺。"感觉就好多了。以后常常去，感觉便更佳，而且觉得价廉物美："（1915年5月6日）邀俞、李同大武至古渝轩小饮，费三元余，此到沪吃馆之最廉者。”半年多内去了十五次，第十次去就大呼佳妙了：“（1915年10月10日）陈凤光来，要同大武、吕满往道士家。下车遇雨，衣履沾濡。既至，高朋满座，看所藏八大山人画荷轴。宋某、梁荧、仲干皆在座，道士遂要诸人同至古渝轩小酌，旭君同去，又有某学生饮广厅中。始遇孙伯南，后遇蒲伯英，皆立谈而罢。今日菜极佳，惜未携酒。”第十三次（1915年10月13日）又称“古渝轩牛筋极甘美”。由于对古渝轩的印象变好，连带他对式式轩的印象也改善了：“（1915年10月22日）颂云来谈，遂同马车出，余至式式轩，乃送之归。式式轩甚轩敞，章一山招饮，座有蒲伯英、朱劼丞，罄携酒五斤乃散。”[9]

由于谭延闿青岛、上海两头跑，有时还要去杭州等地，开头几年外出上餐馆主要去闽菜馆，而川菜馆次之，所以1916年竟未录得一次上川菜馆的记录，当然也与8月即回任湘督有关。这里需要附说一下，谭延闿之所以基本只去闽、川菜馆而鲜及其他，一方面上海菜馆之兴，先是徽帮得近水楼台之便，尔后便是闽、川继起，粤菜尚在其后；几派之中，徽菜以及整个长三角一带的所谓“下江菜”皆不为所喜，在他人生最后几年的日记中都多有表现：

> 1928年12月1日：与仇益三、桂崇基、程天放、陈大荣同谈，吃湖州顾大房粽子。又顷之，乃设饮，有怒发冲冠之鱼翅，遍体疮痍之鱼肚，乃以狮子头汤泡饭食之。
>
> 1929年1月9日：赴古湘芹、刘纪文之招，李任潮、李德邻、

展堂、季陶、哲生同席，菜为中国银行庖人，翅丰而打底，盖下江派，不能论好歹矣。[10]

谭延闿饮食味求腴厚，粤菜的清淡味永，自然也非所厚，观其在粤数年的饮食记录，即可充分说明，笔者会另撰专文，兹不赘述。此外，北方菜馆，他偶有涉足，但作为南方人，并不嗜好也在情理当中。如此，宜其非闽即川了。

以川馆为家厨

接下来几年，上川菜馆仍然主要是古渝轩。1917年9月谭延闿卸任湘督再返上海，10月至12月，三个月即录得十二次，且屡有佳评：

1917年10月5日：道士、姚子阶来，遂发起往古渝轩，余与吕、宋、大武趁电车往，道士、姚老往邀李三同来。菜颇佳美、酒不多，以瓶罄也。

1917年11月2日：午，以马车与吕满、大武至东亚旅馆见邓子溪，居五层楼，室中甚精洁。又至六层楼餐堂一览，遂下，同至古渝轩，张菊生、陈叔通、夏剑丞同请客，俞大、俞三、杨公亮同坐。饮啤酒，菜除翅、鸭外皆甚佳。

1917年11月3日：午，同宋满、大武、绳、康两儿出至古渝轩，吕满请客，庄天骥者先在，俞大、俞三亦来，汪四后至。饮啤酒，食菜八簋，皆致佳。

1917年11月5日：附电车至古渝轩，俞三请客，吕、宋、大武外，陈彦通、夏剑丞、袁伯夔、汪旋父，菜甚佳。

1917年11月12日：吾与吕、宋、大武率绳、康至古渝轩汪四之约，俞三、袁大、夏剑丞、陈彦通先在，酒则吾所携，饮甚多，菜亦特精，尽欢而散。

1917年11月19日：出至商务印书馆，见夏剑丞。循马路步至跑马厅消闲别墅，闽人俱乐部也。李拔可、夏剑丞、陈叔通作主人，伯严、伯夔、旋父同坐。菜殊不佳，异乎所闻，特酒略逾市沽，询之，则章东明也。

1917年11月21日：到古渝轩，赴袁伯夔约，则已入座矣。陈伯严、何诗诗、李道士、俞三、彦通、旋父、吕满、大武，饮啖醉饱。

1917年11月24日：陈伟成、李懋吾、李小溪来自广东，相见大喜。张毓昆亦来，谈湘南战事甚悉，兵卒之勇敢、将士之决死，均可歌泣，然其结果仍不能不归之于天幸也。吕满来，遂同诸人至古渝轩小饮，承之亦至，大武、宋满后来，凤光、步青、雯裳诸人亦在别室饮，时来谈笑。

1917年12月7日：以人力车至古渝轩，萧礼衡、王亨五请客，澍老、凤光、陈文深、陶子石同坐。吾不敢饮，饮啤酒一杯，菜多而不致佳，烧鸭特可耳。

1917年12月11日：出赴古渝轩，张承之请客朱九、俞三、毓昆、吕满、汪四、彦通、大武、子靖、宋满、聂六。饮啤酒一杯，菜尚佳，偶有一二不佳者耳。

1917年12月12日：俞三、陈七来，约同吕满、大武、承之至古渝轩，剑丞、子靖、拔可先在。入座饮啖，佳于昨日。

1917年12月13日：大武以喉痛不出，余独至湖南银行，陈文深、陶子石作主人，澍蕃、礼衡、亨五、砥青及陈锡纯者同坐，陈乃公债处派来印票者也。席为古渝轩十元一桌者，颇可吃。[11]

1918年开始，终于不再独沽古渝轩一味，而尝新锦江春了；在沪的三个月里录得上川菜馆记录二十一次，以为开端的锦江春川菜馆共录得六次。第一次在1918年1月10日："邀朱九偕出，至先施公司，遂循大马路一行，至双龙已暮矣。仍步还，至锦江春小酌，饮所买威士忌陈酒，尚可口。"第二次则不仅大赞其菜式之美，且兼及其生意之隆："（1918年1月12日）与承之、大武、吕满以电车赴锦江春，陈伟成招饮，有蒋雨岩、黄保仓、黄石垓、曾松乔同座。菜极佳，可见其拉生意矣。"[12]

其实锦江春的资格并不亚于古渝轩，《申报》所刊其新张情况的广告表达甚为明了："本馆主人研究饮食滋养卫生，历年已久，兹特选聘四川名厨及各省高等庖司，择地在上海四马路西合兴（里）底新造西式楼房五楹，广设雅座，应时席酌、肴馔汤点，不厌精求，各臻美备；所有品科之高洁、煮法之精良，咸谓得未曾有，故开张未及半月，业已有口皆碑；而交通最便，居地点之中心，无尘嚣之聒耳，既极宏敞，又极静雅，更为特色。至陈设之华丽，伺应之周到，犹其余事。"[13]

话虽如此，然口味随人，至少在谭延闿这里，终不及古渝轩，所以余下的十五次全归了古渝轩，而且评价较前几年还更好：

> 1918年2月9日：钟伯毅来。午，同钟、余、宋、大武赴古渝轩澍老、砥青之约，凌雅林、许少白、吕满同坐。菜甚佳，过锦江远矣。
>
> 1918年2月16日：至古渝轩赴俞三约，李拔可、夏吷庵、吕满、宋满、大武、岸棱、聂三、子武、承之、朱九。菜皆新颖，与常殊，然未必遂过之也。
>
> 1918年3月12日：承之来，邀同出至古渝轩，吕满请客。梅植根、徐佛苏、大武、俞三、张浴昆同坐。饮数巡酒，殊不佳，菜则甚美。[14]

可惜谭氏在临离沪经粤返湘前，却吃到了一顿差席："（1918年3月25日）出访澍蕃，谈甚久，相与慨叹而已。至古渝轩坐待久之，大武、吕满、宋满、俞三来，同饮，菜殊不佳，乃知非向厨自动手也。"[15]原因乃是这一顿并非菜馆当家向姓大厨的手艺。馆以厨名，信然——这向厨，姓向，名春和，大有故事，容他篇另叙。

嗣后，谭延闿即奉孙中山手谕经粤还湘，助其护法。先驻兵永州，1920年6月再主政湖南，至11月又复解职，重返上海。此后至1923年3月1日抵广州任孙中山大元帅府内务部部长，成为他人生中最长一段连续留驻上海的岁月，从而留下了更丰富的川菜馆饮食记录。单1920年12月最后这一个月即录得十三次，差不多是此前断续居沪时近一年的半数，而且菜馆也换成了以陶乐春和兴华川为主（各六次），偶及都益处。第一次就感觉甚好："（1920年12月3日）午，大武设饮，酒为李道士遗物，菜则陶乐春，饮啖甚欢，微醺而止。"第二次则感觉更好："（1920年12月8日）晚，以人力车赴陶乐春袁大之招。余尧翁、龙十、俞三、大武、吕满、毓昆、宏群、曾重伯先在。菜殊丰腆，饮数杯止。"对兴华川开始感觉一般："（1920年12月13日）与袁大同车至兴华川，公饯重伯，兼请简先生、松郇、醉六、龙十、张、岳、吕、袁大，余兄弟为主人，俞三后来。菜亦有佳者。"稍后就感觉大佳了："（1920年12月20日）与吕满久谈。午，偕赴兴华川，李希易请客，梁四、梁五、砥青、毓昆、伯苍、介夫、吕满、大武、子谷、余寿秋、安甫。菜殊精美，胜近日所吃也。"[16]

1921年全年在沪，上餐馆的总次数肯定会大大增加，但频率则未必最高；粗略统计，录得上川菜馆记录五十七次，川菜馆除了上年的陶乐春、兴华川、都益处外，还增加了美丽、消闲别墅以及精记，而古渝轩则已暂时不见了踪影。对诸菜馆，评价时好时坏，如陶乐春，先说有价廉物美令人满意的一面：

> 1921年1月18日：偕大武、岳宏群、吕满、安甫至陶乐春，俞三、子武、叔干、朱九、大毛先在。入席，极丰美，谈至九时

乃归。

1921年2月2日：午，同岳、吕、李、大武至陶乐春，松邨、霍晋请醉六父子、伯雄、毓昆。菜殊精美，哨子鱼唇尤佳。

1921年2月21日：与安甫同赴陶乐春，伯苍请客，俞三、吕、岳、萧、罗、张、大武、心涤。菜极精美，且价不昂，为近来之最。

1921年2月22日：至陶乐春，袁大觞客，何诗翁、心涤、伯苍、俞三、安甫。菜乃廿元整桌，甚佳。

1921年3月14日：至陶乐春请客，何诗翁、余尧翁、曾九、俞三、子武、盛幼文、聂六、聂十、吕满。饮盛幼文赠酒，颇陈，有橘皮香，尽两壶，菜亦佳绝。

1921年4月23日：偕汪、李至陶乐春，聂慎余请客。蒋雨岩、曾凤冈、俞三、大武、吕满、子武同座，菜甚佳，饮啤酒数杯。

1921年5月3日：晚，饮陶乐春，林、黎、吕、汪四咸至，有烧鸭甚佳。

1921年3月4日：偕大武至陶乐春，吕、岳、子武、安父、俞三来，吃六元而菜极精。

1921年4月11日：午，以汽车出，华生适来，遂同汪九、安甫载至陶乐春。吕满、毓昆请客，汪九、俞三、凤冈、心涤、大武、子武、安甫、华生。有烧猪极佳，饮遂多，忘其病矣。

1921年4月23日：偕汪、李至陶乐春，聂慎余请客。蒋雨岩、曾凤冈、俞三、大武、吕满、子武同座，菜甚佳，饮啤酒数杯。

1921年5月3日：晚，饮陶乐春，林、黎、吕、汪四咸至，有烧鸭甚佳。[17]

其中提及的一些具体菜式，如哨子鱼唇、烧鸭，以及后面提及的消闲别墅的炸横饨芥老、橙汁杏仁豆腐和神仙鸭等，更是最堪珍视的川菜史料。但也有不满意的时候——既不美，更不廉：“（1921年4月1日）午，同汪九、大武至陶乐春，袁大、袁六请客。伯岩、尧衢、诗孙三老、俞三、吕满均先在。入席，饮啖不多，菜觉生厌，及会账，乃十九元有余，可谓奇贵，岂有意敲竹杠耶？”但是，经过这一番“折腾”，谭氏也终于明白，便宜难有好货，舍得本钱，还是容易吃到好东西：“（1921年3月7日）午，偕安甫至陶乐春，高明志请客，大武、吕、岳、毓昆、礼衡、心涤、松郝、子武。鱼翅高可吃，价乃十六元，烧猪颇美，价十二元，其他菜称是。费共三十九元，可谓侈矣。然又见沪上馆子但须价重，亦自有佳肴也。”[18]

贵未必一定好，那也是常有的事，在谭延闿笔下，于兴华川尤然：

1921年2月13日：及午，同宏群出，余先至兴华川，久之，毓昆、宏群来，陶鼎勋来，又久之，郭仲和偕林隐青、刘伟军来。菜贵而不佳，不如平日也。

1921年2月19日：偕简先生、李安甫至兴华川，为俞三、萧六、介夫、大武作生日。俞、萧皆补祝，介夫今日，大武明日也。毓昆、宏群、松村、吕满、心涤、伯苍、朱九、袁大、李希易、梁硕甫皆至，大毛、细毛、康伢亦与焉，子武、汪四后。四菜殊不佳，价复太贵，可恶之至。

1921年3月4日：偕朱九、大武至兴华川，聂六、聂十请客，张十二、子武、瞿锐之同座。菜劣极，乃费十八元，可谓荒乎其唐，向厨子真不可理矣。[19]

这向厨子，即前述古渝轩那位向厨转投而来。兴华川虽如此不待见，但偶尔还是有好货的，不然早就弃绝了：

1921年4月4日：晚，同汪九至兴华川，梁四、梁五、余簪传、周砥青请客，尧衢、俞三、李希易、袁大先在，大武后来。菜乃甚佳，出意外也。

1921年9月26日：至柏烈武家，路丹父招客也，徐固卿、孙伯兰、柏烈武、徐维班、徐友山、卢师谛、李少川同席。菜则兴华川，燕翅丰盛，亦可怪者。[20]

但对于消闲别墅（湖南话中，无论湘北方言还是西南官话，“闲”“寒”均同音，故谭延闿笔下常写成“消寒别墅”），谭延闿则一味赞美，因为是真正的价廉物美：

1921年3月29日：至消闲别墅，菜美而廉，俞、汪、汪、李、吕、大武、余七人吃七元余，可谓廉矣。

1921年3月31日：赴消闲别墅，汪旋父先在，今日约客也。其长子名溥伢子者亦来，汪九、袁六、吟秋亦至。十一人吃十二元，皆致精美，无盘不空，最后神仙鸭尤妙，安甫以为平生未尝也。

1921年4月15日：出至余尧衢家小坐，乃至消寒别墅。俞三作主人，金仍珠、叶揆初、宗子岱、李拔可、大武、吕满皆至，菜至精洁，饮啤酒。[21]

窃以为谭延闿激赏的消闲别墅，与其先闽后川、闽川合流兼采两帮之长有关。须知其1918年初开之时，乃货真价实的闽菜馆："本馆开设上海三马路广西路北民和里口，特聘闽省著名庖司，精选干鲜海味，特别改良盆菜，包办烧烤筵席，随意小酌，应时佳点，价目格外克己，招待尤极周到。"[22]可惜此际闽菜在跟新起的川菜竞争的过程中，渐趋下风，所以消闲别墅不久便转而吸收川菜以图自振："本馆向设三马路广西路口，专办闽川名菜，素蒙各界赞许，兹届一周（年）纪念推广营业，大加改良，特聘闽川名厨，精制卫生烹饪，俾广招徕，而副雅意。"[23]但仍然免不了倒闭的命运："消闲别墅菜馆声请破产案，结果准照查账员十月十七日报告书支配单办理，所有应付之款应着即日付清完案。"[24]

川菜的盛世记忆

再兴的消闲别墅，虽然名义上仍属闽菜馆，[25]实质上已经是川菜馆了："四川馆宴客为近来上海最时髦之举。川菜馆亦确有数味特殊之菜颇合上海人之口味，而为别帮所不能煮者：奶油鱼唇、竹髓汤、叉烧火腿、四川泡菜等，皆川菜馆之专利品也。个中最享盛名者厥为都益处，最初设在广西路，只一开间门面；后移至小花园，现迁至爱多亚路，布置装饰较原处为华丽。地位亦较宽敞，即杯、筷、台面等亦焕然一新矣。汉口路之陶乐春亦纯粹川菜馆。消闲别墅、南轩虽标闽、川菜馆之市招，但川菜占大部分。”[26]

消闲别墅之受谭氏青睐，当有如梅兰芳之赏爱，以其有佳厨也：

> 昨日畹华以来沪承贾碧云、白牡丹诸君之约，午刻特答席于消闲别墅。消闲为闽菜巨擘，前此碧云招饮，亦即假座其间。
>
> 连日畹华饭于消闲别墅，极赏其治庖之工也。[27]

谭延闿对各川菜馆各有褒贬，但对番菜馆改设的美丽川菜馆则“一棍子打死”：“（1921年1月17日）七时，同吕满、宏群、大武至美丽川菜馆，心涤、礼衡、安甫先在，伯苍作主人。菜极不佳，而馆中陈设精美，盖昔之番菜馆也，凡以便人之叫局而已，实则沪上今日亦无人才也。”[28]这当然是个人偏好，在很多人眼里，美丽川还是很美的。

1922年谭延闿也是全年在沪，但只录得川菜馆席次二十九次，仍以陶乐春为主，计二十五次，且屡记其佳肴，殊可宝贵：

> 1922年1月15日：午，偕汪九邀俞三至曾九家，遂偕曾九至陶乐春，李三、大武、吕满已在，袁六后来。曾九作主人，有烧猪

及鸭，皆剧佳。

1922年2月4日：十二时，至陶乐春，礼衡请客。吕、岳、张矮、唐心涤、周用吾、张廪丞、罗介夫、大武、易苇斋先在，伯苍后来。菜尚可，烧双鸭乃至十九元，可谓贵矣。

1922年2月19日：偕大毛出至陶乐春，唐吟秋、汪四、袁六作主人，秉三、张矮、宏群、吕满、大武皆在。有炖翅、烧鸭，价多而菜平平。

1922年4月5日：宏群邀饮陶乐春，四人吃八元，可谓贵矣，然苋菜、鳝片皆时蔬也。

1922年5月22日：至陶乐春，今日岳、李诸人为吕满补祝，而朱挹芬亦请客也。余先赴朱席，客未来，乃在岳、李席小饮。用吾、廪丞、莼生、大武、吕满同座，菜尚可，鲥鱼特佳。

1922年7月6日：晚，吕满觞林二于陶乐春，吾与汪九、大武、曙邨赴之，汪四、俞三、龙十、吴达摩、细毛、康伢皆在。仍饮啤酒，陶乐春仍以臊子豆腐、粉蒸牛肉、酸辣鱼羹为佳耳。[29]

然而仍然嫌贵：“（1922年5月29日）赴陶乐春王心田之约，林二、龙十、俞三咸至。小吃已去十四元，馆子之不可入如是夫。”这类话，谭延闿说了不少。坊间说他味必求贵，李六如在回忆录里说他戎马倥偬仍食味极奢，比如白菜只吃里边一点点包心，信可诬也。其实他只要肯稍稍屈就一下，如设润格卖字，以其书艺与声名，他完全不用在乎饮食的贵贱。他曾动过心思：“（1923年1月7日）近日颇有来询吾润格者，卖字之心油然而生，近来囊底已空，不能不计及此矣。”[30]但终未付诸实施。诚格高之人也。

1923年春，谭延闿前往广州投奔孙中山，此去经年，川味时在忆中：

> 1923年6月1日：午饭，今日新易厨役（云曾在古渝轩者），菜不漂亮而味尚相近，为之加餐。
>
> 1923年6月2日：食烫面饺，甚佳，令人思赵厨子。又有四川菜多种，则乡气胜于午间之四川厨耳。
>
> 1924年5月23日：晚，同沧白吃晚饭，有辣子鱼尚佳，令人忆陶乐春也。[31]

直到北伐胜利后，1927年4月国民政府定都南京后，他才有机会再回上海，但毕竟是党国高官，特别是就任国民政府主席及转任行政院院长之后，即便能回上海，也不可能长住，有时不过是为身体治疗需要。所以在他人生的最后三年，待在上海的时间不多，上川菜馆的次数当然也少，近三年里总共才录得十四次（当然本文所有统计相对粗略），仍以陶乐春为主，达六次，颇赏其烧猪、烧鸭及鱼翅：

> 1927年11月20日上海：至陶乐春，曾九觞客，散原、尧老、重伯、汪九、俞三、吕满、大武先在，以烧猪、烧鸭为敬。
>
> 1928年6月22日：（端午）大武自炖翅，复买陶乐春翅为馔。
>
> 1930年9月7日：同汪九至陶乐春，吴熙农、蔡铸人请客，汪九、俞三、聂六、苐陶、赵梅父、宋阜南、宪民、林特生、汪

四，吕满醉来，德德同至。烧猪甚佳，菜亦丰腆。[32]

尝新的古益轩，差相颉颃，也达六次之多，然未予的评，可见仍不足以与陶乐春相提并论。这古益轩1926年才开业："本馆开设三马路广西路角一江春原址，今于本月初三日为正式开幕。特聘四川名师，烹饪精良，味美适口，尤合卫生，清洁异常。招待周到，各事无不合顾客之心理而办，以酬惠顾诸君之雅意，恐未周知，特此奉闻。"[33]

此时已是粤菜崛起，势压闽川之际，如此一家新店，自然难符谭氏口味。事实上，就像当年消闲别墅闽菜馆借川菜以自振，古益轩不久转型湘川菜馆，借湘菜以自振了："三马路大舞台西首之古益轩湘川菜馆，现由各界闻人接盘，重新改组，于昨日正式开张，营业十分兴盛，因湘川菜味与众不同，加之售价低廉，座位舒畅，自易得人之赞美。闻该菜馆有一特创新例，在一个月内，发售一种代价券，一元券，每本十一张，只售十元；五角券，每本十一张，只售五元，可谓廉之又廉矣。"[34]这即便不能说是川菜的式微，至少可以说是川菜的转型，即从民国早期的豪奢和民国中后期的经济型转轨。

谭延闿在南京没有上过川菜馆，但吃过川菜："（1929年2月6日）与蔡、胡、李同赴哲生招，炉火大炽，当之欲晕，王亮畴、李宗仁、何应钦先在，又一参事，不识也。菜皆蜀峡，正相衔接。"日记中只录得这一次，聊资纪念。

最后回到正题上来，说谭延闿以川馆为家厨，过了吗？不过也。他固然对川馆时有微词，可对湘人奉为厨神的他的家厨曹四，他也同样时有微词：

1921年4月3日：至午，同汪九、大武、安甫、吕满往子武家。曾九、俞三先在，待伯严、伯葵至二时乃来。入席，饮吾携佳酿，张十二办菜，鱼翅五斤，极清腴之美，与吾家异曲同工，非郑、萧、曹厨所能望也。

1921年10月22日：（嫁女）设两席宴客，余与汪九、秦二、余大、俞三、萧、罗、岳、唐、大武、吕满同席。菜虽曹厨，已成官样，饭两碗乃饱，可知矣。

1924年2月4日：晚，设饮待客，护芳、毓昆、廪丞外，姜、岳、易、张、刘、吴皆与。曹厨菜乃大不漂亮，使人诧为非是，岂迁地弗良耶？

1924年2月8日：曹厨制面乃大不佳，未食而起，饮牛乳一钟。

1926年1月2日：曹厨菜仅可下酒，护芳菜庶乎下饭矣。

1930年1月2日：曾凤冈、杨柏笙、方伯雄、汤荫棠、石醉六请客，汪九、俞三、吕满、细毛、徐大，曹四具馔，丰而不精，应有尽有，乃至烧鸭则泼汤矣。[35]

且不说曹四厨艺能不能保持稳定，即使稳定就那几样也会腻啊，更何况饭局不能老唯家厨是从，从前最豪奢的广州官府，厨事也多交给做整席上门的大肴馆呢。[36]那好吃如谭延闿，常上馆子就很正常了，在沪上川菜鼎盛时期，以川馆为家厨，也同样很正常。

注释：

1《谭延闿日记》，中华书局2019年版，第一册第340、353页。

2 同上，第二册第484—488、512页。

3 同上，第三册第351页。

4 胡祥翰《上海小志》，第40页。

5《醉沤斋广告》，《申报》1913年1月31日第4版。

6《古渝轩迁移广告》，《申报》1914年12月10日第4版。

7《鑫记古渝轩菜馆布告》，《申报》1917年9月16日第1版。

8《小花园古渝轩公记济南菜馆开幕》，《申报》1919年9月23日第2版。

9《谭延闿日记》，第三册第417、420页，第四册第43、46、55页。

10 同上书，第十九册第217、260页。

11 同上书，第五册第282、310、311、313、320、327、329、332、345、349—351页。

12 同上书，第五册第408、410页。

13《上海四马路西合兴里底锦江春茶馆谨布》，《申报》1913年4月3日第5版。

14《谭延闿日记》，第五册第438、455、469页。

15 同上书，第五册第482页。

16 同上书，第七册第465、469、475、482页。

17 同上书，第八册第25、40、59、60、71、81、109、121、132页。

18 同上书，第八册第74、99页。

19 同上书，第八册第51、57、71页。

20 同上书，第八册第102、182页。

21 同上书，第八册第96、98、113页。

22《新开消闲别墅闽菜馆择于阴历四月初九日开张》，《申报》1918年5月16日第1版。

23《消闲别墅和记闽川菜馆有限公司推广营业广告》，《申报》1919年8月12日第1版。

24《公共公廨讯案汇录》，《申报》1921年11月24日第16版。

25《菜馆一览》，《申报》1922年11月2日第18版。

26 熊《上海菜馆之鳞爪》，《申报》1924年12月21日第20版。

27 珍重阁《梅讯》之二十四、三十，《申报》1922年6月28日、7月5日第18版。

28《谭延闿日记》，第八册第24页。

29 同上书，第八册第457、477、492、537页，第九册第24、96页。

30 同上书，第九册第31、293页。

31 同上书，第十册第72、76、478页。

32 同上书，第十八册第303页，第十九册第55、132页。

33《古益轩川菜馆新张开幕》,《申报》1926年9月9日第15版。

34《古益轩湘川菜馆开幕》,《申报》1931年5月4日第16版。

35《谭延闿日记》，第八册第101、309页，第十一册第187、196页，第十四册第404页，第二十册第195页。

36 周松芳《“食在广州”与外江菜馆》,《同舟共进》2022年第8期。

第四章

锦江春色：瑞记引领的老北京川菜馆

川籍著名学者李一氓说："限于交通条件、人民生活水平和职业厨师的缺乏，跨省建立饮食行业是很不容易的。解放以前大概只有北京、上海、南京、香港有跨地区经营的现象。"四川远守西部，自古"蜀道难，难于上青天"，食材与人口出川均殊为不易，供给与需求两端都成问题，因此无论如何霸道的川菜，似乎都难有作为；并说川菜馆北京不多，沙滩红楼对过有一家，上海也仅有都益处、锦江饭店两家，香港九龙有一家，汉口有一家，广州则没有。[1]事实上显然不是，各处都有相当多的川菜馆存在，特别是北京，早期的瑞记鼎鼎有名，并见于诸多名人的笔端。

1937年《铁报》的文章就说，所谓"吃在广州"，是中国交通便利以后人们才理会到的，以前的吃客都讲究"蜀馔"："十几年前已盛行于北京，那时北京是国都，要人毕集，川菜馆最出名的，这骡马市大街瑞记，那里地方虽不大，当时一班阔人，谁不到那里去解馋？"又说瑞记太贵，普通人吃不起，便开出了宾宴春，其名馔如竹荪、羊肚菌、菜花、椒盐蛋、扁豆泥，质量和瑞记相仿佛，价钱却便宜不少，因此生意兴隆，"和天津梨栈的菜羹香，都为平津中上吃客所乐道"。[2]这里已经提到北京早期两家知名川菜馆——瑞记和宾宴春。

其实，瑞记的大兴肯定不是文章所说的“十几年前”，至少是二十几年前。笔者目前所检获瑞记的最早记载，竟见于一代食神谭延闿1913年12月12日的日记：“访张仲友不得，乃至关帝庙，黎九正独坐，呼坤成、植根来，同至瑞记吃饭，此贵州庖人所开，菜甚精，以豆花为最，惜稍贵耳。同人因昨大醉，皆不复进酒。”[3]当然，贵州庖人所开，也未必非川菜。次年，名声不在谭氏之下的王闿运在5月7日的日记中也写到瑞记：“左台生来言，其父有寓宅在京，今将将弃之。曾左皆无故宅，乔木亦迅速也。章曼仙请功儿，因与同至瑞记，未开市，即至醒春居小酌而散。”[4]王氏日记出版后，有人在解读时对其中人物与餐馆情况做了介绍：“左台生，左文襄宗棠之孙也。章曼仙，名华，长沙人，翰林。瑞记与醒春居，皆当时规模稍大之餐馆，以制蜀菜得名者也。”[5]这里又带出一家有名于时的早期川菜馆醒春居。

从大名士王闿运去一家川菜馆没开门换一家还是川菜馆，可以推断当时川菜之受欢迎。长期在行政中枢任职，曾获赏四品顶戴的前清军机章京，此刻任内务部简任二等的考绩司司长许宝蘅，就比时人更频繁地光临瑞记，而且是呼朋引伴地去：

1914年4月11日：五时到湖广馆知拜梁太公寿，到瑞记晚饭。

1914年12月16日：到部，六时散。与公柔、铁庵、简斋到瑞记晚饭。

1914年12月19日：又到瑞记，同人公饯子昂。

1915年2月28日：到瑞记午饭，饭后偕熙伯游厂甸。

1915年3月6日：又到瑞记，陈子实约。

1915年3月21日：一时到瑞记，公宴铁庵。

1915年7月18日：一时到瑞记，林笠士约，散后回寓。

1915年12月11日：朱伯言来，二时后到瑞记，伯言约。

1915年12月17日：午后到部，七时到瑞记，朱洽黎、林少和约。[6]

袁世凯称帝失败，考绩司裁撤，许宝蘅后来在中国银行总裁秘书、大总统府秘书、内务部秘书、铨叙局局长等任上，都曾惠顾瑞记：

1916年3月14日：到瑞记，霍初、谨堂约。

1916年5月2日：到瑞记，与于啸仙同饯史振九。

1918年7月28日：七时到瑞记，子式约。

1919年1月19日：过铁庵谈，遇仲桢、幼实，约至瑞记晚饭。

1921年4月19日：十一时半归，同二哥到瑞记午饭，张孟嘉、庾楼、沈羹梅同约，陪公柔。[7]

当然除瑞记之外，许宝蘅还去过其他川菜馆：

1917年6月28日：傍晚偕赤叔到宣南小坐。

1918年5月30日：十二时入府，二时后出到部，八时散，到宣南。

1919年5月3日：夜七时到浣花春，王绍荃约，有祝仲良、竺楼、陈志钧、剑秋、曾介白、沈治臣，九时归。

1922年6月14日：十二时到宾宴春，田焕庭约。[8]

鲁迅也在1914年9月27日的日记中写到瑞记的饭局："上午得沈尹默、旼士、钱中季、马幼渔、朱逷先函，招午饭于瑞记饭店。正午赴之，又有黄季刚、康性夫、曾（不知字）共九人。"[9]可谓名士云集。不过从《黄侃日记》看，他1913年6月12日即有记曰："始见梅兰芳，色艺当与贾璧云相等。晚饭岷江春。"[10]岷江春为川菜馆，瑞记又为川菜馆之最早者，那瑞记的设立自然应该更早了。

稍晚，几个当时更显赫的人物也是在瑞记相遇，那就是李大钊宴客，梁漱溟、陈独秀均在。"我们相识稍先于北京大学同事之时，彼时（1916）他（李大钊）在北京《钟晨报》（后改名《晨报》）任职。曾记得一次他宴客于南城瑞记饭庄，我和陈仲甫（独秀）在座上初次相遇。陈当时为东亚图书馆募股来京的。恰值蔡元培先生方接任北大校长，蔡、陈早相熟，立即邀陈入北大担任文科学长。"[11]紧接着，钱玄同也写到了瑞记宴客：

1917年1月18日：午宴鞠普于瑞记饭庄，并请兄、嫂、稻夫妇诸人同食，婠贞、秉雄亦同往。

1919年11月17日：五时与婠贞同至瑞记饭庄，六时在那里宴请政襄、显民……[12]

包天笑则写到瑞记被宴："（1925年4月12日）午由芥尘请客，至骡马市大街瑞记。"[13]

时任孙中山机要秘书的邵元冲，则在孙中山先生病笃于北京时，多宴聚于瑞记等川菜馆：

1925年2月5日：十时顷偕述庭、镜台至琉璃厂阅书画骨董，一时顷同至瑞记饭庄午餐。

1925年2月8日：午后二时顷至北京饭店开政治委员会……五时半散，至骡马市大街瑞记饭店应林镜台晚餐之约。

1925年2月24日：归途与贻荪伉俪餐于宜南春川菜馆。

1925年3月26日：晚七时顷乐陶伉俪来，因约同至百花村川菜馆晚餐。[14]

早期去瑞记最多的，当数余绍宋。余氏1910年留日归国，先任外务部主事，后任民国司法部主事、次长，业余诗酒唱和，书画雅集，官、学、艺俱优，也是一个精于饮食之道的人，所以他的饮食记录更值得重视，可惜其现存日记迟至1917年，不过很快写到瑞记：

1917年3月21日：十一时半赴署，六时散值，友生招赴瑞记便饭，座有汤师、子贤、纯一，谈至九时半归。

1917年4月14日：十一时入署，五时半散署。苏公选邀赴瑞记夜饭。

1917年5月5日：晚劳纯一邀赴瑞记便饭，座中遇伯庾，出言不逊，颇以为悔。

1917年8月24日：傍晚胡子笏复邀赴瑞记便饭。

1917年9月8日：傍晚邵仲友招赴瑞记便饭，饮逾量。

1917年9月11日：六时应赵岷东之招赴瑞记便饭。[15]

与席人物主要是同事，其次是宣南画社的同道，比如第一次雅聚的汤师，即汤定之——宣南画社尊奉的导师。如此，可谓业内、业余都兼顾了。1918年去得更多，而且纷纷把生日宴搬到瑞记去做：

1918年2月6日：四时半赴瑞记夜宴，汤芸郎、胡子贤皆于除夕日生，同为四十初度，特提前于今夕开寿宴，至者三十人以上，极为欢洽。

1918年3月23日：晚到瑞记应殷叔祥之招饮，七时归。

1918年6月8日：下午四时半散归，六时到瑞记应戴君亮之招宴，八时归寓。

1918年12月1日：五时半应邵渔夫之招，到瑞记便酌，饮稍逾量。

1918年12月4日：五时半陈瑑笙、蒋志坚约在瑞记便饭。

1918年12月10日：五时到瑞记，今日同人为余补祝寿且饯凌、吴两君，到者二十余人，畅饮至十时始归。

1918年12月19日：十一时入署，六时散归，到瑞记应胡文甫、许修直、孙巩圻之招宴。

1918年12月25日：九时孔博士来谈，十二时到瑞记应戴君亮之招宴。[16]

1919年以后，频次渐减，这里面有多种原因。首先是有新的川菜馆开出来；其次是与粤地粤人渊源甚厚——他的曾祖长期为官广东，祖母及大伯父和两位伯母葬于广州城郊，母亲也是粤人，故能讲粤语，姑祖母嫁给番禺梁氏，名士显宦梁鼎芬即其表伯，因此之故也多上粤菜馆，尤其是吃北京谭家菜的频率甚高；第三是风格相近的忠信堂等闽菜名馆的替代作用。但无论如何，历时五六年，多达数十次，已甚为可观了：

1919年1月19日：傍晚到瑞记生日公宴。

1919年4月8日：七时到瑞记，应陈子昭之招。

1919年5月6日：五时到瑞记应陈璈、蒋坚志之招。

1919年6月27日：晚子庄约在瑞记晚餐，作虚诳语，可耻可耻，此后当力戒之。

1920年6月23日：七时到瑞记应苏公选、黄润芝之招。

1920年9月21日：汪志庄约在瑞记晚饭。

1920年10月11日：中午在瑞记吃饭……七时到瑞记应柴映波之招饮。

1921年1月16日：中午到瑞记应戴君亮之招宴。

1921年1月21日：下午六时蔡冶民、陈璈笙同在瑞记饭庄请吃饭。

1921年2月23日：六时五十分到瑞记应熊夒恒之招宴。

1921年3月5日：奉令署司法次长，自此当益自儆勉矣。

1922年3月12日：中午承蒋坚志之招，赴通商饭庄吃便饭，同时又约心庵、贻孙至瑞记吃饭，故不终局即到瑞记，二时半归。

1922年3月28日：晚饭赴沈季让、周心约瑞记之招，饮至八时半归。

1923年2月23日：夜蹇季常、王少荃约饮瑞记，饮十七碗。[17]

至于其他川菜馆，余绍宋也屡屡光临，累计有十几次，且不主一家：

1918年2月8日：五时赴醒春居应王少荃生日之宴。

1918年4月24日：十二时毕入署，六时散，到醒春居应潘安叔、沙岩采二人之招宴。

1919年3月23日：七时到浣花春应吕渭生诸人之招宴。

1920年5月10日：孔博士已来，因约赴宾宴春小饮。

1920年5月17日：六时由署至尝浣花春，应王少荃之招宴。

1921年2月15日：至浣花春应廖允端、熊夔恒之招宴。

1922年1月24日：尹尧卿、龙国桢、梁炎生在宾宴春招饮。

1924年3月25日：早起，贻孙、孝侯来，朱颐年来谈，李介僧约饮锦江村。

1925年4月22日：上午入校授课，中午石友儒约便饭大陆春。

1925年8月20日：夜梁云山、刘谷庵招宴宣南春。

1928年4月15日，北京：枚如约在庆林春便饭，姬人同往。[18]

1928年7月20日，余绍宋买舟南归，寓居杭州，此后岁月，偶至旧京，饮食之事，不复可记，但在杭州以及就近因公因私时复去的上海、南京的川菜馆生涯，详见他篇。

盛名之下，瑞记的逸闻也不少。如京剧四大名旦之一的程砚秋，之所以在吐字发音上非常讲究，据说就得益于瑞记宴饮。话说有一次程大师跟另一京剧名旦吴富琴等在瑞记吃饭，忽然听到厨房传出四川话："这条鱼怎么做？"便若有所得地对吴富琴说："你听这位四川大师傅的鱼字念得多准呀，咱们旦角在台上往往把'鱼'字按阳平高念，其实湖广音'鱼'字是阳平低念，要像这位大师傅的念法。"于是他就把四川话的"鱼"字发音吸收运用在《汾河湾》戏中了。[19]戏曲大师齐如山（1875—1962）在回忆早年北京知名菜馆的拿手菜时，也盛赞瑞记饭店之清炒豌豆、烩羊肚菌、炒三泥"不是其他饭馆可以媲美的"。[20]

到1926年，北京《晨报》刊文总结民国前中期川菜在北京的发展情况，也同样以瑞记领衔，但介绍了更多川菜馆及川菜名肴：

> 川菜在京本无专门菜馆，自瑞记在骡马市街开张后，嗜之者，遂特成一格。著名之菜，为"宫保鸡""脆皮鱼""椒盐鱼""红烧羊肚菌""黎窝菌""回锅肉""云腿白菜""鸡绒豆花"，甜菜有"扁豆泥""夹沙豆泥"，味趋厚重，多辛辣之品，不如鲁闽菜之清淡，但因别有风味，故能独树一帜也。继之者香厂之浣花春，菜虽不如瑞记之佳，然以地点适宜，且当新世界初开幕时，生涯之

盛，大有夺瑞记之势。嗣以股东欠账太多闭歇，然亦支持七年矣。当浣花春盛时，以各种鱼著名，特在通州设鱼池，备冬季取材，规模之大，可以想见。[21]

作者虎公，即名士杨度，他是王闿运的学生，与谭延闿也颇有过从。谭延闿虽然上瑞记的时间在1913年，但吃川菜的记录可在1911年：

1911年5月12日：赴全蜀馆，李缉庵、萧秋恕招饮。凡两席，皆同人。席已半，余与梁、汤、李、黄、郑同座，饮十余杯乃散。归松筠庵已十时，遂睡。

1911年5月22日：同淮生至广和居，约台生、子云、味舆来饮。而经舆不至，余人谈至九时散。尚有全蜀馆一局，托味舆谢之。[22]

这全蜀馆虽然只是会馆，并不是菜馆，却起到了家乡菜馆的功能。杨度从瑞记说起，接下来就是宾宴春了：

骡马市大街，有宾宴春，亦以川菜名，而肴馔并不可口，“红烧牛肉”“扁豆泥”等尚佳，维价极廉，故贪省费者均趋之，车马常盈门，近且内建戏台，备堂会之用。瑞记后在中央公园分设一长美轩，菜均如瑞记。维公园注重点心，长美轩遂以“火腿烧饼”“脆烧面”“干拌面”著名，菜有“马先生汤”，系三鲜煮豆腐汤，并不佳。瑞记发达之后，川菜盛行，经营川菜者极多。而

> 粉房琉璃街南头之陶园，以“蚝油豆腐”著名，甜菜以皂仁为奇，晚香玉川海哲（蜇）曾极一时之盛。此外，如南园、都一处、益华均成立不久。西长安街之宣南春，迄今营业尚发达，大陆春、长安春继之，然不如宣南春。香厂天南地北楼，开不多时，菜肴近似川菜，实系广西菜馆云。川菜流行之后，如“红烧羊肚菌”“鸡蓉菜花”“宫保鸡”等与鲁菜之“面干鸭肝”“川双脆”等，已成普通菜矣。[23]

“只手打倒孔家店”的著名川籍学者吴虞，1921年受聘北京大学教授，5月7日抵京，5月11日第一次正式外出上馆子，去的就是宾宴春：“十钟半杨四穆、席文光、倪平欧、张履成诸人来约过丰泰照相馆。顺道在琉璃厂书铺一览，好书甚多。照相毕同至宾宴春，学生凡十六人，予演说外国语专校旅京同学会组织之必要，众皆赞成。将简章一一通过，旋即入席，四川菜也。”第二天去南园，更是大赞：“（1921年5月12日）梅心如、席文光、杨四穆、倪平欧，唐述伯与君毅饯行，请予作陪，往四川馆子南园饭庄晚餐。菜蔬精美，不亚成都之小王。”所以，接下来上餐馆的几次记录，均在南园：

> 1921年5月13日：五点半过贾家胡同南园饭庄黄质中。晚餐，同座有吴贯因、陈惺农、王弘实诸公。赠适之《费氏遗书》一部。
>
> 1921年5月14日：邓守瑕来谈至十二点而去。幼渔由电话来催予，即叫车与君毅同至广陵春。到者胡适之、钱玄同、蒋梦麟、

朱希祖、沈兼士、沈士远、单丕诸君。

1921年5月18日：予在同古堂印名片一盒，旋同君毅往南园饭庄，赴张自牧（名育海）之约。同座有张镕西（耀曾）、吴柳隅（名贯因）、黄质中、何海秋、陈惺侬、王弘实诸人。席散，惺侬约过中天电影台观电戏，归已晚矣。北大送来五月薪水银二百六十元。马幼渔之力，其盛意不可望之川人，可感也。

1921年5月21日：六时雇车过贾家胡同南园。行至中途，值张作霖将来，道警跸，遮断交通，予乃步行而过，另觅车至南园，共去钱一百七十文。陈惺侬、马幼渔、沈兼士先在，朱逖先、钱玄同、马夷初、沈士远、蒋梦麟、胡适之、王弘实均先后（至）。[24]

吴虞在日记中再一次写到去川菜馆，则要近两年之后，去的还是宾宴春："（1924年2月1日）王伯杰来信，约二十八日下午五时，在宾宴春举行成华旅京学界同乡会聚餐团拜，请我加入。"第二天又去了一次："（2月2日）下午四时后，过骡马市大街宾宴春。"再后去过几次别的川菜馆，而以瑞记殿后：

1924年6月9日：七时过西长安街五族饭店看刘雅爵。约予在宣南春便饭，甚佳。

1924年6月30日：十二时过都益处，周颂九、范寿康、傅式说、江铁同请也，三时归。五时半过都益处，计请客三席，左舜生、王宏实、郑心南、周颂九、林实甫、范允藏（名寿康）、刘勉已、刘爱其、高钘若、张真如、曹四勿、崔景三、胡政之、张季鸾、傅筑隐、潘力山、陈公洽、甘浩泽、曹幕管、杨端六、傅禹承、傅写丞、傅常侯、傅无退、傅墨正、傅壮民、傅七先生、君毅、又陵、若膺。共付酒席杂费洋七十元正。

1924年12月4日：张真如、白经天、戴夷乘、郁达夫请星期六下午六时，在骡马市大街瑞记。

1924年12月6日：五时过骡马市大街瑞记，君毅、胡政之、杨子南中席而去。[25]

此后，直到1925年6月17日启程回川，再无上川菜馆记录，颇不应该似的。附带说一句，宣南春鲁迅也去过："（1924年8月19日）晚夏浮筠同伏园来，邀至宣南春夜饭。"[26]

插叙完吴虞的饮食故事之后，再回到杨度的记叙上来，其所叙的川菜馆，特别是长美轩，更是川菜极盛的象征或者预言。以笔者阅读所及，民国时期，凡曾旅居北京的政商学界名流，几乎没有不曾履席此馆者，比如顾颉刚1925年6月24日日记说："到公园长美轩，为启明先生等宴玉堂、绍原也。"启明即周作人，玉堂即林语堂，绍原即江绍原，哪一个不是一等一的人物？因此实难屡述，只拣两条略做补充说明。一是文中所言"'马先生汤'（为马夷初所指导），系三鲜煮豆腐汤，并不佳"，时任北大教授的马叙伦后来专作《马先生汤》一文对这"并不佳"予以辩说：

余亦喜制馔品，余皆授归云以方，使如法治之，如蒸草鱼、蒸白菜之类，余惟试味而已。独三白汤必余手调，即诸选材，亦必与目。三白者，菜、笋、豆腐也。然此汤在杭州治最便，因四时有笋也。豆腐则杭州天竺豆腐、上海之无锡豆腐，皆中材，若北平豆腐，虽选其隽，亦不佳也。此汤制汁之物无虑二十，且可因时物增减，惟雪里蕻为要品，若在北平，非向西单市场求上海来品不可也。然制成后，一切物味皆不可得，如太羹玄酒，故非诚知味者不知佳处。曾以汁贻陈君朴，君朴煮白菜豆腐食之，谓味极佳，而其家人不赏也，如就一二品增其浓味，便对一般人胃口，称道不置，然非吾汤矣。往在北平，日谒中山公园之长美轩，以无美汤，试开若干材物，姑令如常烹调，而肆中竟号为马先生汤，十客九饮，其实绝非余手制之味也。[27]

第二点要说的是，长美轩的大名“倒灌”成都，成都也出现了长美轩，这在中国近现代饮食史上，特别在跨区域饮食市场形成过程中，是鲜见的——各大菜系在向外传播时，绝大多数是本土著名酒菜馆之名在外埠被无条件袭用。而且成都长美轩，也同样享有盛名。早在1939年8月12日、15日，陈寅恪的高足、著名史学家刘节教授接连前往长美轩：“午饭在新亚咖啡馆用汤一菜一面包一，化洋九毛四分，可谓贵矣……晚饭在长美轩共食，化洋壹元二毛。”“晚饭仲舒约余与子馨共饭于长美轩。”[28]官至国民政府立法院代理院长的贵州人刘健群，认为“成都是一个生活最丰富，也是一个最足以令人留恋的好都市”，列举的少数几种令他无限留恋的小食中，就有长美轩的盐菜肉饼。[29]到民国末年，长美轩更是与姑姑筵、明湖春、颐之时等久负盛名的餐馆并驾齐驱，而有

“清汤颐之时、粉蒸长美轩、干煸明湖春、红烧姑姑筵”之食谚；“粉蒸”指其以“粉蒸菜”著称。[30]

至于唐鲁孙说长美轩是北平唯一的云南馆子，大约为“云腿红烧羊肚菌”“奶油菜花鸡宗（枞）菌”两道云南味的名菜令他着迷的缘故吧，回忆的东西是不能尽信的。[31]另外，还有一则说长美轩是黔滇饭馆的传说，姑作解颐吧：

> 黔人秦德，随宦至北京，后贫不能归，初居宣外下洼。其地多鼠，入夜声啾咻，聒耳不得寐。秦小语曰：“我生平不畜猫，于汝无恨，今贫，无以自给，讵有多食备汝耶？”数日案上忽置白金数块，权之，重可一两，甚讶其来。夜乃佯睡察之，见一大鼠来，口衔银弃案上而去。秦且喜且异，即以银购饼果饷之。如是月余，积得四十金，乃合乡人营一饭馆，秦复善烹饪，至是生事日隆。后人之至京者，无不知骡马市大街有滇黔饭馆瑞记云。[32]

金受申说南菜馆中，“‘四川馆’在北京开设最早”，也同样值得质疑，且不说别的，单广东馆醉琼林，就是前清时开的。[33]又说“‘贵州馆’在京只有东西黔阳，开设最晚，以风干熏腊、甜汁见长”，也可反证唐鲁孙长美轩黔滇风味之误。[34]

1921年冬，一生酷嗜川菜的大藏书家徐乃昌（他晚年退居上海二十余年，外出上菜馆一直以川菜馆为主，尤其是他们的贞元会雅集，二十余年也几乎独沽川菜一味）偶尔重回京城，即有长美轩之行，也明确说是川菜馆，且予佳评："（1921年10月30日）访李从龙，其夫人及子女均出相见，并雇汽车约游中央公园长美轩午饭。（四川菜，甚佳。）"当然也去了另一家著名的川菜馆瑞记："（1921年11月3日）晚，答拜汉珊，并赴瑞记饭庄之约。"[35]

川菜馆既有名于时，各种指南图录之类，自然不敢或缺。比较早的北京指南类图书是商务印书馆1920年出版的徐珂编纂的《实用北京指南》，他在第七编《食宿游览》中介绍各种菜馆时，南菜只单列出川菜，并具体介绍了三家，分别是：益华园（川菜），南新华街；岷江春（川菜），小椿树胡同；春阳居（川菜），茶食胡同。竟然没有瑞记！稍后姚祝萱编辑文明书局1922版的《北京便览》也没有瑞记："益华（川菜），虎坊桥；岷江春（四川），小椿树胡同；浣花春（川菜），香厂；益华园（四川），南新华街；蜀园（川菜），骡马市。"再稍后商务印书馆编译所1925年编纂出版的《实用北京指南》，仍然没有瑞记，真是奇了！不过川菜馆它也只提到一家益华楼，如此大多数的忽略，也就不算太离奇了。

从笔者所能检得的现存史料看，20世纪20年代应该是川菜在北京的发展及鼎盛期，二十多年间涌现的见诸记载的知名餐馆也确实不少，为方便读者，不妨胪列如右：瑞记、宾宴春、醒春居、岷江春、且宜、百花村、浣花春、长美轩、陶园、晚香玉、南园、都一处、益华、宣南春、大陆春、长安春、益华园、春阳居、蜀园。粗略统计，即达20家之多，盛况不在粤菜之下，较诸其他任何一种"南菜"，也不遑多让！只可惜，大约是随着首都南迁，川菜馆的盛况稍后渐趋消歇。

1932年，与邵飘萍、黄远生并称“清末民初三大记者”的徐凌霄在天津大公报写《旧都百话》，也曾盛称川菜馆：“近数年中四川馆尤极繁昌，西长安街之以‘春’为名者，十余家之多，而锦江春色居其半数，可谓盛矣。”[36]但毕竟有点在说过去故事的味道，像以前那样精彩的报道、精彩的故事，日渐难觅。好在钱玄同的日记为我们留下不少难得的记录。早期基本蜻蜓点水般尝鲜尝新：

1923年2月2日：晚餐赴宾宴春，应黎劭西之约，同坐者为□小舫、张春霆、沈步洲、汪一庵、刘棣华、黎劭西、杨遇夫、沈朵山、陈颂平、陆雨庵诸人。

1923年3月30日：和遇夫、劭西同逛公园，在长美轩吃晚饭。

1923年7月1日：晚七时，至粉坊、琉璃厂北口路东之“陶园”，赴郑介石之请也。

1924年3月6日：汪一庵请我到虎坊桥锦江楼吃晚饭，作序之故也。

1925年2月21日：晚伏园、启明设宴于西长安街之宣南春，为志摩及绍原饯行。志摩将往印度，而绍原则往湖北也。座中有吴老头儿，谈得非常高兴。

1925年3月31日：午后三时偕夫人、小世兄同逛公园，看孙公尸体，听了两片话匣子，在长美轩“雅”而归。

1925年4月12日：晚餐黎子鹤请吃饭（宣南春）。宾主共十一人：三沈、二马、钱、麟伯、二张、主人也。[37]

从1928年开始，就经常去某些川菜馆了——吃多了，都会吃出偏爱的。从1928年到1938年间，大陆春去了十二次：

1928年3月1日：午与劭雅于大陆春。

1930年2月6日：晚陈亚牧赏饭于大陆春，皆女师大同人也。

1932年10月1日：开研究所纂辑员之会，六时毕，即至大六（陆）春。幼渔因病未到，派其子节来代表。叔雅因事未到。结果若八人，每人应摊140元也。此席因逷先将至粤就中山大学历史系主任之职，故临时改为七人公饯也。

1932年10月6日：晚约劭“雅”于大陆春。

1933年6月1日：晚与劭雅于大六（陆）春。

1933年6月13日：晚与劭西，谈何□□，三人同雅于大陆春。

1934年3月12日：晚郑友渔与伦哲如赏饭于大陆春，同座者为黎劭西、刘叔雅、余季豫、容希白、吴检斋、蒙文通诸人。

1934年8月26日：午餐聚于大陆春。

1934年9月15日：晚与黎雅于大陆春。

1934年9月20日：课毕至某海，昭劭、白、魏诸人，同“雅”于大六（陆）春。

1934年11月20日：晚与黎雅于大陆春也。

1936年5月21日：晚与劭“雅”于大陆春。[38]

新陆春也去了十二次：

1932年5月1日：七时至新陆春，应罗根泽之请饭，座中有劭西、子书、宾四，及刘节（初次见）诸人。

1932年7月10日：午罗根泽赏饭于新陆春，同坐者为侯□□、黎劭西、马五诸君，还有做《谷梁真伪考》的张西堂。

1933年2月8日：午孙人和赏饭于新陆春。

1933年2月26日：午刘盼遂与罗根泽赏饭于新陆春。

1933年9月18日：晚张贻惠赏饭于新陆春。

1933年10月14日：高老爷赏晚饭于新陆春。

1934年2月10日：午后二时至新陆春，贺吴检斋之子鸿迈结婚也。

1934年5月9日：晚王有三赏饭于新六（陆）春。

1934年5月21日：六时刘盼遂赏饭于新六（陆）春。

1934年6月28日：午高老爷赏饭于新六（陆）春，同坐为黎、李云亭、杨遇夫、吴检斋、余季豫、宫廷璋、郑治木、刘盼遂等人。

1934年7月29日：午至新陆春，张西堂赏饭也。

1934年8月4日：七时顷又女师大旧生江学瑞、石砳磊、陈华先、吴蕙兰四人赏饭于新陆春。[39]

此外还去了庆林春五次：

1928年3月8日：午与劭西雅于庆林春（川馆），甚佳。

1932年3月18日：六时许至庆林春，劭约半、建、涤、玄同"雅"也。

1934年3月6日：晚七时陈九卿（彝煜）赏饭于庆林春。

1935年7月30日：晚与劭雅于庆林春。

1938年6月26日：午，王善恺赏饭于庆林春。同座者有张少元、吴文仲、董鲁庵、汪一庵、程春台、夏康农及其他诸人。[40]

之所以对这仨“春”一一列举，因清季民国北京（平）的酒楼饭馆有八大楼、八大春等几个“八大”之说。这八大春可都是有名的大饭馆，川菜馆八占其三，粤菜馆仅占其一，可见真是了不起的事情，而且座上多饱学嘉宾，对北京乃至中国的饮食文化，都是美事幸事。

顾颉刚是学术大家，也是活动达人，在北京期间，就多去这仨“春”，而且与席人物诗酒风流也不亚钱玄同。第一次去在1921年10月23日：“到魏家胡同看黄立生兄。同至宾宴春吃饭。”这是他1920年毕业获任北京大学助教，具体职事为学校图书馆编目员的第二年，因为职薪低微，极少外出上菜馆，除了偶尔一两次上西餐馆之外，中餐馆可是第一次见录。再上川菜馆，还是宾宴春，时间则是四年半之后：“（1926年2月13日）到伏园处，到宾宴春吃饭。”大上川菜馆，则是他离京受聘厦门大学教授，再转任广州中山大学历史系教授兼主任，又回任北平燕京大学历史系教授并兼课北京大学史学系讲师之后，地位已经大为不同，诗酒自可风流了：

1931年10月18日：与履安到庆林春赴宴……今午同席：潘由笙丈、吴郁周夫妇、王以中夫妇、郭绍虞夫妇、予夫妇（以上客），钱宾四夫妇（主）。

1936年3月1日：十二时到新陆春，赴宴……今午同席：李广濂（芷洲）、夏廷献（定轩）、赞廷叔祖夫妇、王叔咸夫妇、孟刚叔夫妇、素英、×太太、予（以上客），李延增、张翔声女士（主）。

1937年2月26日：宴健常等于庆林春……今午同席：段绳武、健常、汪达之、谌厚慈、吕仲良、日蔚、一非、李安之（以上客），予夫妇（主）。

1937年2月27日：到庆林春吃饭……同席：刘定五、许重远、章友江夫妇、敬伯、予夫妇（以上客），杨秀林夫妇（主）。

1937年5月5日：到新陆春吃饭……今晚同席：萧一山、马幼渔、黎劭西、谢刚主、陆侃如、李戏渔、高亨、予（以上客），罗雨亭、张西堂、刘盼遂（以上主）。

1937年5月20日：到庆林春宴会……今晚同席：朱蕴山、陈伯达、李锡九、李安之、日蔚、一非、予。

1937年5月30日：到大陆春赴卜德宴。

1937年6月22日：到新陆春宴客……今晚同席：韩儒林、王淡久、黄伯云、马乘风、孙慰君、段绳武、吴其玉、李安宅、陶希圣、李一非、徐诵明（以上客），贻宝、予（以上主）。[41]

邓之诚长居北京，觅食的餐馆无数，粤菜小馆尤其多上，其《北大日记》（稿本，待出版）中的川菜记录则绝大多数在这仨“春”：

1926年6月12日：晚和宣回请，在大陆春。

1926年7月23日：晚赴关生招饮于大陆春。

1926年8月31日：四时许，访闰生偕游东四古玩铺，饭于大陆春。

1926年9月8日：午饭在锦江春，孟博作东。

1926年9月9日：晚饭于锦江春，仅予与和轩二人。

1926年10月8日：午过闰生，看瓷器数件，皆不佳，同游厂肆，饭于大陆春。予大醉。

1926年10月17日：晚扰闰生在大陆春。

1926年10月28日：午后闰生来，傍晚一至小市，饭于大陆春，闰做东。

1926年11月1日：饭于大陆春。

1926年11月3日：午访埋庵，同过闰生游三贝子花园，阒其无人，坐至傍晚始入城，饭于大陆春，已万家灯火矣。

1926年11月10日：同费游公园，饭于大陆春。

1926年11月24日：午后访闰生，晚饭于大陆春。

1926年11月25日：晚饭于大陆春。

1926年12月17日：晚约骥先诸人饭于大陆春。唐十二剌剌不休，主客为之寡欢。

1926年12月18日：晚闰生招饮于大陆春。

1927年1月1日：晚扰骥先在大陆春。

1927年1月7日：晚扰闰（生）于大陆春。

1927年2月15日：晚扰闰生在宣南春。

1927年2月20日：史寿伯来谈，拉往大陆春早饭。

1927年6月8日：晚饭于大陆春，忍庵作东。

1927年6月9日：午骥先来访。晚扰闰生于大陆春。

1927年9月11日：晚小饮大陆春，闰生之约。

1927年9月27日：午后李达林来谈，闰生约饮大陆春。

1927年10月5日：晚饮大陆春闰生之约。

1928年2月12日：赴叶长美轩招饮，饭后在水榭开审查会。

1930年1月18日：晚扰仲联在庆林春。

1930年11月22日：午约幼民在两益轩。

1930年11月26日：晚余季豫招饮庆林春，谈至二更始归。

1931年2月7日：午在两益轩扰幼铭。晚扰援庵在谭处，菜名有二三颇佳者。

其中两及两益轩，顾名思义，当为川菜馆，而向未为人道及，正好可以补阙。钱玄同对川菜大馆有欢喜，对川菜小馆更赏爱：

1929年1月25日：午与沈大同至今日新开之四川小馆曰且宜者吃麻婆豆腐、素豆花等，甚佳，价廉物美，可爱也。

1929年2月1日：午偕士远同“雅”于且宜。

1930年1月17日：晚与劭西同雅于且宜。

1930年3月14日：上午师大，毕，饿甚，直至且宜，吃红油水饺及包子。

1930年9月17日：至某海，晚偕劭、建同至且宜“雅”。

1930年12月23日：晚与劭、建雅于且宜。

1931年10月9日：晚约劭“雅”于且宜。

1934年12月4日：午请孙伏园至且宜吃饭。

1938年2月13日：午唐立庵赏饭于前门外鲜鱼口西口外往南都一处，吃炸三角、炸春卷等。此为北平有名之小馆，但我从未去过，一吃，果觉别有风味也。[42]

当时北大所在的沙滩，号称“文化城里的文化区”，但餐馆档次普遍不算高，统共八九家菜馆中有一家川菜馆福和居，号称当地的贵族餐馆，却未曾多见于教授学者和文人墨客的笔下，有些遗憾。[43]直到1944年，有一篇专谈北大与北大人的吃的文章，再次提到福和居，说它“本来在景山东街路南，后来扩展到路北，占了三开间的铺面，菜做得确乎不错，虽是最贵的，但仍生意兴隆”。[44]三开间的铺面比起那些饭庄，仍然显得狭小，贵则更是相对了。上海《申报》1935年做了一期北平饮食的特别报道，对于川菜馆，也只说了大陆春可做其代表，十分空泛简略。[45]不过汪曾祺却为沙滩的川菜馆留下了民国最后的袅袅佳音：

一九四八年，我在北京沙滩北京大学宿舍里寄住了半年，常去吃一家四川小馆子，就是李一氓同志在《川菜在北京的发展》一文中提到的蒲伯英回四川以后留下的他家里的厨师所开的，许倩云和陈书舫都去吃过的那一家。这家馆子实在很小，只有三四张小方桌，但是菜味很纯正。李一氓同志以为有的菜比成都的还要做得好。[46]

时势也逼得一些餐馆慢慢消失，比如著名的长美轩，前引唐鲁孙文章就说停业于1937年“七七事变”。前引金受申文章说到20世纪40年代，瑞记也只有“京造豆瓣酱来点缀罢”，无复昔日特色与风采。这可代表整个川菜的发展趋势。后来的史志也佐证了这一点，比如“锦江春色”占其半的西长安街上的十二家“春”字号餐馆，“到20世纪40年代末，仅剩同春园一家”[47]，还不是川菜馆。当我们发现一则新的川菜馆开业广告时，真仿如空谷跫音：“既好吃又便宜，韩家潭新开的美丽川菜馆欢迎尝试。韩家潭三十四号。”[48]其实也应该如此，此消彼长，势所必然——当北京的川菜馆渐渐消歇时，其他地方却正在蓬勃发展呢！

最后，我们来说说容庚的北京川菜馆生涯，须知容先生因为世谊而几可将谭家菜当家厨，又因先世与东莞会馆深有渊源而长住新老二馆，不乏乡食，而且市面上广东菜馆亦复不少，但他在日记中先写到两家西餐馆，然后才到川菜馆，而且是与同学老乡结伴而去：“（1925年2月2日）晚六时东莞留京学会在骡马市宾宴春年宴。”[49]年饭不在会馆吃，也不在粤菜馆吃，真是太高看川菜馆了！之后三次所上的川菜馆，也还是宾宴春：

> 1926年5月23日：七时赴宾宴春，何龙章请晚餐。醉，回老馆。
>
> 1926年7月25日：六时钟请宾宴春晚饭。
>
> 1926年10月1日：一时与内子、坤、琬进城，在前门买什物。遇钟坤，始知钟太于今晚往河南。即往新馆，邀他与哲如、苏、珠、启后等往宾宴春晚饭。[50]

1927、1928年日记过于简略，几近于无，当然也几乎未及饮食之事；1929年日记稍详，即再有川菜馆行踪："（1929年1月14日）三时接西北科学调查团，在庆林春晚饭，五时半乘汽车往。"[51]阵仗还颇大。下个月又有宾宴春之行，而且请的是广东老乡商承祚："（1929年2月10日）八时与琬女进城，到新馆。即往见商锡永，同往逛厂甸。早、晚请其在宾宴（春）吃饭。"[52]商先生可是世家子弟，父亲是末代探花商衍鎏。如此一日两顿不嫌重味，可见宾宴春的魅力。容庚1930年的日记也十分简略，没有记下上川菜馆的经历，但从顾颉刚日记中可见："（1930年9月28日）到庆林春赴宴……今晚同席：黄仲良、丁道衡（仲良）、沈兼士、庄尚严、胡文玉、台静农、董彦堂、容希白、予（以上客），常维钧、魏建功（以上主）。"[53]容庚1931年日记只是略微多记了几页，1932年稍详细，记到了庆林春："（7月6日）牟传楷、班书阁请午饭，在庆林春。"[54]

此后经年，直到1945年南归广州，除了私房的谭家菜，容庚日记中的餐馆记录越来越少。1940年5月26日《实报》刊登的侯少君所撰《学人访问记——容希白》（署名小尹）说"虽然他有了这大的声誉，但他仍是粗衣淡食，外表仍是俭朴之至。这算是所谓'锦心无华冠'了"。这应该是基本属实的，容庚也应当是基本认可的，故剪贴附于当日日记之下，但川菜馆仍时见笔端：

1934年3月12日：六时郑友渔请饮于大陆春，商印刘师培遗书事。

1936年5月9日：五时东莞同学会在新陆春聚餐。

1938年4月9日：十二时孙海波在新陆春请午餐。

1938年8月7日：八时进城，至琉璃厂。访孙海波、黄宾虹。十二时至谭宅聚餐。四时与海波、立厂等游公园，请他等在长美轩晚餐。

1939年4月1日：早至琉璃厂。十二时储皖峰、王静如请庆林春午餐。

1939年11月26日：八时进城。访于思泊、沈兼士。十二时王静如请庆林春午饭。

1943年1月10日：编《甲骨讲义》。十二时至庆林春聚餐。

1943年10月3日：临柯敬仲《竹谱》四幅。一时至庆林春聚餐。

1944年4月9日：十二时至庆林春谈艺聚餐。

1944年6月11日：访周仁、吴熙曾。十二时至庆林春聚餐。

1944年8月6日：访陈垣、金禹民、邓之诚、启功。十二时至庆林春聚餐。[55]

尤其是1938年8月7日，中午先吃了顶级的谭家菜，晚上再请人吃长美轩，如果长美轩没有相当的品味，那真会让人食之无味的。我选择相信长美轩的品味。而在庆林春聚餐谈艺，商略学问，也令人神往。

注释：

1 李一氓《饮食业的跨地区经营和川菜业在北京的发展》，见《存在集续编》。

2 宜《旧都川菜馆的盛衰》，《铁报》1937年4月27日第4版。

3《谭延闿日记》，中华书局2019年版，第二册第397页。

4 王闿运《湘绮楼日记》，商务印书馆1926年版，第31册第17页。

5 陈灨一《读湘绮楼日记》，《青鹤》1935年第4卷第3期。

6《许宝蘅日记》，中华书局2010年版，第483、514、524—526、540、559—560页。

7 同上书，第571、578、642、660、802页。

8 同上书，第596、636、812、887页。

9《鲁迅日记全编》上，广东人民出版社2019年版，第104页。

10《黄侃日记》，中华书局2007年版，第5页。

11 梁漱溟《回忆李大钊先生》，载全国政协文史委《文史资料选辑》1987年第10辑，中国文史出版社1987版。

12 杨天石主编:《钱玄同日记》，北京大学出版社2014年版，第303、357页。

13 包天笑《钏影楼日记》，《现代中文学刊》2020年3期，第117页。

14《邵元冲日记：1924—1936年》，上海人民出版社1990年版，第112、113、122、136页。

15《余绍宋日记》，中华书局2012年版，第12、14、17、33、34页。

16 同上书，第50、54、63、88—90页。

17 同上书，第93、101、104、108、138、149、151、155、162、163、164、167、168、231、239、351页。

18 同上书，第50、57、99、132、134、166、218、439、514、695页。

19 梁镇国《谈京说鼓》之《寻"字"找"音"》，《江西文史资料》1994年第1辑，第106页。

20 齐如山《北平的饭馆子》，见《齐如山文集》第10卷，河北教育出版社2010年版，第248页。

21 虎公《都门饮食琐记》(六)，《晨报》1926年11月30日第6版。

22《谭延闿日记》，第一册第340、353页。

23《都门饮食琐记》(七)，《晨报》1926年12月1日第6版。

24《吴虞日记》，四川人民出版社1984年版，上册第597—599、601页。

25 同上书，下册第156—157、188、192、222页。

26《鲁迅日记全编》上，广东人民出版社2019年版，第421页。

27 马叙伦《石屋余渖》，浙江古籍出版社2018年版，第189页。

28《刘节日记》，大象出版社2009年版，第127、129页。

29 刘健群《理想中的成都生活》，见《银河忆往》，中华书局2016年版，第238页。

30 饕客《食在成都》，《海棠》1947年第7期，第25页。

31 唐鲁孙《吃在北平》，见《中国吃》，广西师范大学出版社2004年版，第4页。

32 唐梅溪《记义畜》，《紫罗兰》1928年第3卷第19期。

33 参见拙文《西餐先行：老北京的粤菜馆》，见《粤菜北渐记》，东方出版中心2022年版。

34 金受申《老北京的生活》，北京出版社1989年版，第153、155页。

35《徐乃昌日记》，凤凰出版社2020年版，第197—198页。

36《大公报》天津版1932年8月21日第11版。

37《钱玄同日记》，第508、524、541、573、620、630、632页。

38 同上书，第712、749、883、932、934、996、1034、1038、1039、1051、1204页。

39 同上书，第858、869、909、913、963、990、1012、1020、1027、1028页。

40 同上书，第714、852、995、1115、1344页。

41《顾颉刚日记》，台北联经出版公司2007年版，第一卷第175、718页，第二卷第574页，第三卷第448、602、607、639、644、648、658页。

42《钱玄同日记》，第734、735、745、757、760、778、826、1053、1320页。

43 林《北平市的沙滩：文化城里的文化区》，《大公报》天津版1934年2月1日第13版。

44 朱海涛《北大与北大人：吃》，《东方杂志》1944年第40卷第20号，第54—55页。

45 北平特信《“食”的问题在北平》，《申报》1935年6月8日第9版。

46 汪曾祺《川菜·徽菜》，见《五味：汪曾祺谈吃散文38篇》，山东画报出版社2018年版。

47《北京志》商业卷《饮食服务志》，北京出版社2008年版，第25页。

48《民言报》1945年10月9日第2版。

49 夏和顺整理：《容庚北平日记》，中华书局2019年版，第9、161、169页。

50 同上书，第92、102、113页。

51 同上书，第164页。

52 同上书，第169页。

53《顾颉刚日记》，第一卷第443页。
54《容庚北平日记》，第271页。
55 同上书，第363、459、529、543、570、595、675、703、725、731、737页。

第五章

成为『标准国菜』：民国南京的川菜馆

南京是六朝古都，明代更是秦淮佳丽之地，饮食繁华，自不待言，但有谁料得到，到国民党政权重新定鼎南京之前，却是衰敝至极，战后还都，还更显窳败：“南京，再度建都不过十年（1927—1937）的南京，原是个破破烂烂的城。由于城里的面积的辽阔，一些新盖的建筑物好像石沉大海一样，不大容易见到。先天本来不足，加以敌伪盘踞南京时间的破坏，更显出窳败不堪。”[1]

所以，战前的饮食自然也甚没落：“南京向不以菜馆著名，城内惟夫子庙一带，尚有菜馆数家，临河卖菜，但规模俱小，菜亦不佳。”幸有新都带来新气象，领衔的却是粤派与川帮：“最近因国都奠定，始有二三新菜馆发生，其最著者，为粤菜之安乐酒店、川菜之蜀峡饭庄，菜价皆极贵，安乐尤贵，每席至少二十元以上，但座客常满，业此者大获厚利。”[2]

川粤之兴，一方面因为南京安徽人多（至今仍有南京是安徽省会的谑称），原本占据主导地位的徽州菜馆，因为烹调太肥浓不合因定都而大量涌入的外江人的口味而难以为继。另一方面，广东是革命的策源地，革命军进了南京城，同来的广东人自然特别多，广东菜馆应运而生，营业鼎盛，无形中取徽州菜馆地位而代之。至于四川菜，则比广东菜更适人胃口，“于是四川菜馆，乃以‘标准国菜’的口号，在南京立定了基础，我们只要看四川菜馆林立，便可知他们营业不恶了”[3]。

时贤在南京留下的川菜馆记录，也基本能佐证这一发展线索及其美好形象。国学大师黄侃初上川菜馆在1928年5月20日，地点在成贤街民生馆，“室仄人多，殊感烦热，肆口谈啁，差觉舒畅”，正是营业兴旺的景象，因为“蜀馔亦殊可口”。后来又两上民生馆，分别是“（1930年3月28日）午延客于民生馆，费十七元。来客则伯沆、小石、辟疆、晓湘、旭初、张子睿、董韵和、钱子厚、吴伯匋、潘石禅，焯及田亦从焉”，“（1930年10月30日）拟出游，旋晴。午食蟹费时，及出已晏，仅至鸡鸣寺下小立而还。食于民生馆”。[4]去得最多的则是蜀峡饭店，日记中录得九次：

1928年6月5日：偕旭初、颖民出，至内桥南蜀峡饭店食川菜，颇中食而甚贵。

1928年9月4日：禹生来，无量来……晚饭于蜀峡饭店（余作东）。

1928年9月26日：暮，步寻念田，遂挈焯、田阅肆……食于蜀峡。

1928年10月12日：昨与辟疆一笺，自悔轻售《元诗选》之失，今日遂有蜀峡之约。异哉,《元诗选》仅得一餐之利乎?阅《丛书书目汇编》，以一诗调汪辟疆。夜诣辟疆谈，仍说误买元诗事也。

1928年12月20日：暮介石、幼静来，邀赴蜀峡晚饭。

1929年1月8日：晚程如松邀予及诸人食于蜀峡馆，其妇亦与焉。

1929年3月17日：晨偕妻子请旭初、晓湘出食广东点心，无坐处，遂赴蜀峡饭店食。

1930年3月22日：日晡与诸人邀何君至糖坊桥蜀峡饭店饮。蜀菜未见甚佳而贵甚，费三十四元，诸人各出四元，予独出十四元。

1930年10月16日：夜赴子樵蜀峡之招，饮大曲酒甚多，归即卧。[5]

浣花川菜馆和都一处分别去了五次和一次：

1931年4月12日：通一邀赴浣花食蜀菜，醉饫。

1932年1月24日：禺中楚珩来，共赴浣花通一之约。别有一主人，延客数人，而与我辈主客同挤一圆案而食，酒肴亦无从分别。非我通一无此洒落也。遇谢和尚，与之隔坐唱酬，作打油诗，尤可笑。

1934年5月13日：高淑君邀食于都一处。

1934年5月19日：夜宴客七人于浣花，又费十余元。

1934年5月20日：晚向方毂招同陈景唐等食于浣花。

1934年5月26日：诸生公请照相，宴于浣花馆，与旭初同还。[6]

从黄侃的日记看，这些川菜馆的一个共同特点是：好吃，但很贵。这点与上海颇相类。黄侃如非好酒使气以致英年早逝（1886—1935），应会为我们留下更多南京川菜馆的美好记录，惜哉！

另一个喜欢记吃的主儿邵元冲，在南京期间上的川菜馆就锚定蜀峡一家，而且频次比黄侃更高：

1929年2月16日：晚，仁甫约在蜀峡酒店晚餐。

1929年2月28日：七时顷应稼梅伉俪在蜀峡酒店晚餐之招前往，同席有泰水、叔同伉俪、君任、叔恂、元定、九婶等。

1929年3月6日：晚，李元白在蜀峡酒店约餐。

1930年4月30日：午间应方子樵蜀峡饭店午餐之约。

1930年7月12日：午间应军事委员会同人蜀峡饭店招宴。

1930年9月14日：午间应赵述庭蜀峡饭店午餐之招，同席为沈士远、寿毅成诸君……晚应马洪焕蜀峡饭店招宴，同席为黄季陆诸君。

1930年11月18日：午间，天放在蜀峡饭店约餐。

1930年11月20日：晚，李孟博在蜀峡饭店约餐。

1930年11月22日：午与展堂谈考试院事，又应陈炳光蜀峡饭店午餐之约，并饮贵州名酿茅台酒少许。

1930年12月18日：晚应熊逸滨等蜀峡饭店晚餐之招。

1930年12月19日：晚应华乾吉伉俪蜀峡饭店招宴。

1931年1月12日：晚六时半至蜀峡饭店应钮惕生、仇亦山春宴之招。

1931年1月24日：晚应邱文伯、熊逸滨蜀峡酒店招宴。

1931年1月29日：晚应桂崇基蜀峡酒店晚餐之招，并为中央政治学校西康班毕业之庆。

1931年2月2日：晚在蜀峡饭店招宴刘内政部长尚清及考试覆核各委员。

1931年4月23日：晚，沈亮超、李书华在蜀峡饭店约餐。

1931年5月4日：晚，朱骝先在蜀峡饭店招宴。

1931年7月11日：晚至蜀峡饭店应李立言、立德昆弟招宴，兼晤李立藩、恽震、赖景瑚等。[7]

从黄侃、邵元冲的日记看，南京的川菜馆似乎以蜀峡居首，但舆论却是偏向浣花的。《北平晨报》的一篇报道首推中央饭店的京粤菜，次及浣花的川菜："浣花川菜馆最负时誉，该馆新近迁至中山路洋楼，生涯愈盛，所售点心，名驰都下，夕阳西下，辄闻欢呼畅饮之声，过其门者莫不馋涎欲滴，然售价比中央尤昂，一席之费，常逾廿金，宋子文最为赏识，有宴必招，本都名司勿如也。"[8]有"小报之王"称号的上海《晶报》也说："浣花川菜馆，自迁中山路沿马路，内容大为扩充，日前财宋曾于是处宴客，一时阔人之善摹风气者，纷纷光降，营业骤盛，对面金陵咖啡馆，相形见绌，仿佛昔年副张在北平，夜至馅饼周，馅饼周之声价大增，要人举动关系如此。"[9]后来《晶报》1935年4月2日第2版消息还说浣花之兴，与已故国民党中央委员石青阳是大股东有关："都中中山东路之浣花川菜馆，为川菜馆之较大者，据闻新故石青阳中委为大股东，其族某为馆之经理……"这就像曾有报道说著名的粤菜馆安乐园的老板是桂系元老马晓军一样，聊供参考，不足为凭。

在北京就喜欢上川菜馆的余绍宋1928年辞官回杭之后，因公因私，偶至南京，虽旧雨新知中粤人远较川人为多，但上川菜馆的次数却不逊于粤菜馆。如1934年重做旧京北平之游，先至南京，即有川菜馆之行："（9月24日）夜卓超招饮浣花川菜馆。""（9月26日）中午同乡董子藏、童藻卿、童果行、祝南山、叶筠彦、姜次烈招饮浣花馆，始识邱躬景，深致向慕。"自旧京返乡，再经南京，又两赴川菜馆之宴："（11月4日）中午延华约饮浣花菜馆。"特别是11月6日与岭南画派开创者之一的陈树人的宴聚，最是雅事："中午陈树人招饮浣花川菜馆，其意甚诚，始识黎葛民、何叙甫。黎为新画家，叙甫则彼此相知有年，特至今日始会晤耳，一见如旧，伉爽可爱，其军人本色欤！宴毕树人约往其家看其所作之画，知其极肯留意自然物象，虽属新派而仍注重笔墨，盖树人本从国画入手，原有根基，故虽欲革命仍不至离其宗，所画花鸟极好，较山水画为有价值，视今之妄谈艺术革命仅拾外人之皮毛以自炫者，固不可同提并论也。惟写山水是否必须与真境相符，古人所谓寄意一种是否应行改革，又当别论耳。"[10]

1936年12月初，余绍宋获悉他的广东籍老朋友、司法部老同事郑天锡将出任国际法庭推事，"特往南京与之话别"，虽然主要假席广州酒家，也不忘四川酒家："（12月10日）大雨，冒（雨）往浣花川菜馆应姜次烈之招宴，始识朱云光，座中皆乡人，自是一乐。归知梁寒操曾来寓欲一接谈，惜不值也。"[11]第二天，郑天锡百忙之中还亲自送他上车返杭，可见关系之亲密。

1937年3月中旬，余绍宋应邀赴故宫博物院南京分院，与溥西园（侗）、吴湖帆、杨今甫（振声）、彭恭甫、陈子清、朱豫卿（家济）等一道对从各地征集过来的古书画进行审查，也有好几次川菜馆之行，洵属风雅。“（3月19日）七时赴渝州川菜馆，应本会常务委员会之招宴，请柬列名者凡九人：褚民谊、张道藩、杨今甫、雷震、黄建中、马衡、滕固、顾树森、陈礼汇。”“（20日）八时赴故宫博物院继续审查（书画），正午到浣花川菜馆应马叔平之招宴。”[12]然而，自此之后，抗战军兴，不遑宁处，余绍宋就再无缘南京川菜馆了。

如果说时贤上来上去就这么几家川菜馆的话，也与南京川菜的发展历程相关，毕竟定都未几，从衰微到再兴得有个过程。当时的各种指南类书籍介绍南京的菜馆不多，川菜馆就更少。比如陈日章编的《京镇苏锡游览指南》（上海禹域出版社，1932年）就只介绍了两家川菜馆：又益处川菜馆，利涉桥；蜀峡饭店，府东街。

凡事两看。因为总体上说菜馆少，大受欢迎的川菜馆便显得特别紧俏了。《食品界》1933年第2期佳梅的《南北饮食说两京：首都饮食概况》介绍首都菜馆，列名的竟然只有川菜馆：

（南京）大饭店大酒家既密集城南，就其性质而言，川平津苏扬等，各有其一部分之号召力，而川馆尤有风起云涌之势，“约而精”“浣花”“蜀峡”等均设备日趋完全，营业堪称不恶，星期六及星期日的晚上，各家都是济济一堂，假使你要宴客，不预定座位，准找不到地方，甚至连一个褊狭的小房间都没有，大家均尽量地喝着笑着，享受这假日于莫愁湖畔。

但是，因着经济规律或发展历程，自然会有新的川菜馆陆续开出来，而且后胜于前，乘新占势，比如皇后川菜馆，就是后来居上的范例。“要吃西餐，则有上海咖啡店承办，要吃中菜，亦有川馆皇后饭店包揽，总之这是销金窟，无钱却莫想问津。”[13]连素以提倡节俭为宗旨的《新生活周刊》也首推皇后川菜馆，而以老牌的中央饭店殿后：“川菜，以皇后、撷英等稍佳，浙绍馆则老万全六华春最著，粤菜馆则以广州酒家为佳，至规模较大者，如中央饭店，安乐酒店，世界饭店，则各式均备，唯中央以川菜较佳，安乐以粤菜为著。”[14]

其他的如袭用上海名店的陶乐春，“陶乐春津川菜社……注册事项……部长陈公博”；[15]变更注册的碧峡春，“碧峡春川菜馆更改牌号呈请变更注册文件……部长吴鼎昌”；[16]新成立的农村味川菜社，“农村味川菜社等十二商号呈请创设注册，除批知经发‘许可凭证’外，转呈鉴核……吴鼎昌”；[17]以及大西洋川菜社：“教职员举行聚餐会，上周星期六日晚七时在大西洋川菜馆举行。（南京中山东路）”，[18]均纷纷开出。有鉴于此，概述性的报道也跟着出来了：

“吃食”是最当运的行业，百业不景气，独有此行最兴隆，尤以川菜为得劲。土街口的“浣花”，每天午后，总有一大批无隙可乘废然打退堂鼓的老饕，便有工于心计者，在"浣花"附近，先后开设"美丽""皇后""大西洋"诸家。照理，浣花既大走红运，这几家门户靠近，岂不是孔夫子门前卖文吗？可是，俗话说得好，"大树底下好遮荫"，他们的目的，正是利用门户靠近，才好收容这一批从浣花打退堂鼓的老饕们（也许是老爷们）。你瞧，他们的生意很不错呀！[19]

都中诸建设，年来进步甚速，尤以饮食店云蒸霞蔚，有经年未旅京者，见太平洋璇宫、大三元、黄山饭店等标帜，皆新设者，而于中以川菜为最流行，随口道来，则有都益处、陶乐春、湘蜀、新大禄、渝州、碧峡、浣花、益州、美丽、春风、小啜楼、四川民众食堂、安乐酒店川菜部等等，未入录者尚不知其数，取利较薄，故生涯均甚佳。[20]

随便一点就十几家，加上不知名的难不成几十家？那不势压粤菜馆了？连苏联驻华外交官都认为川菜足资表征中国菜：

俄大使馆参赞鄂山荫，日前在张西曼会宴席上，大谈其汉学之心得，谓四书五经，俱经涉猎，尤尊重孟子之平民主义云。鄂氏喜欢吃四川菜，谓川菜为中国之代表菜，因四川为中国之中心，至中国东南西北边疆省分之口胃，则已有受海州舶来的质素所化合，尚不能算标准菜云。[21]

没有比较就没有伤害，有"伤害性"的报道也同样能够出街：

自从民国十六年奠都南京起，南京城里的吃食馆，如雨后春笋，大大的增多了，最初盛行粤菜，由粤南公司而安乐酒店的前期粤菜，而世界饭店的开幕时期，而广州酒家，广东酒家……之类的。但是转眼之间，一些湖南小馆子，跟着纷纷出现。于是烟熏的腊肉、腊鱼，嚼不动的腊牛肉，烟熏的茶叶，也盛极一时，不过同一有辣子味的菜，湖南的又不如四川的来得精。于是四川菜馆，如蜀峡、浣花、益州、碧峡等等，就代而兴了。[22]

国民政府行政院参事陈克文，虽然没有留下在南京上川菜馆的正面记录，但留下了能反衬出川菜馆勃兴之势的侧面记录："（1937年3月7日）于夫子庙梁园晚饭。馔颇可口，较皇后饭店、浣花、美丽川诸时兴菜饭，似有过之无不及也。"[23]

这些新兴的川菜馆里，我们当然可以看到文化学人的诗酒风流。首先说说1918年即任北京大学中国文学系主任旋兼史学系主任的朱希祖教授，1934年受聘为南京中央大学历史系主任，虽然日记中很少写饮食"琐事"，但还是留下了川菜馆的记录：

1935年9月26日：六时至土街口美丽川菜馆宴马叔平，答其在北平时宴席也，余与大儿作主人，同席有张晓峰、李济之、缪赞虞、许静芝、董彦堂、裘籽原、罗香林。

1935年10月11日：六时至美丽川菜馆赴张其昀、缪凤林二君宴，同席有北平图书馆员向达，将至英国为剑桥大学图书馆编中国书目。

1936年1月18日：十二时至土街口浣花春宴胡适之、王抚五、沈兼士、袁守和、张仲翔、王雪艇、朱骝先、陈百年、刘国钧、罗志希、家绳先，余与大儿为主人。[24]

偶尔一至南京的竺可桢和张宗和，也留下了川菜馆记录，其中张宗和感觉不错的成渝，还未见他人叙录：

1936年3月11日：五点至寓，适叔谅及晓峰、肖堂亦至寓，谈半小时。学素来，遂偕至美丽菜馆晚膳。

1936年3月15日：晚景幼南（昌极）、郭洽周（秉和）、倪志超约在中山东路大西洋川菜社晚膳，以头痛未往。[25]

1937年1月26日：鼎芳等得不耐烦了，到四川饭馆吃饭，又是他会账。

1937年2月8日：大家饿了，出去找馆子，在一家四川饭馆，叫“成渝”，还不错。[26]

同样偶尔一至的顾颉刚，虽然留下记录不多，却很珍贵，毕竟他是把餐馆当工作场所的：

1936年1月19日：到西蜀美丽菜馆赴宴……今午同席：缪赞虞、王焕镳（编《首都志》者）、许虹玉、胡焕庸、沈思玙（鲁珍，中大地理系）、张×（中大化学系，常熟人）、予（共十一人）（以上客），张晓峰（主）。

1936年2月9日：（下榻鼓楼饭店）健常偕其妹湘凰来。同到对门又一春川菜馆饭。

1937年1月30日：访西曼，不遇。到湘蜀饭店，教育部、宁波同乡会。[27]

他战后来南京开国大会，也曾三上巴山食堂：

1946年12月21日：姜蕴刚邀至巴山食堂吃饭，遇罗绍征、蒋惟英。

1946年12月22日：到巴山食堂赴宴。

1946年12月23日：予到巴山宴客。[28]

然而顾颉刚未曾履席以欢迎国大代表为招徕的著名的益州饭店："益州饭店，聘请川厨名手，欢迎国大代表。喜庆宴会，首都独一，礼堂富丽，道地川菜，团体聚餐，新鲜丰富，座位舒适，经济小吃，侍应周到，高尚筵席。地址：中山东路中央饭店对面。"[29]也未曾去以经济小吃为招徕的宴琼园："宴琼园川菜馆：川菜经济节约，火锅、面点、小吃、筵席、豆花。地址：太平路四三五号。"[30]或许，作为一个大学者，这种场合不太适合他开展学术组织工作吧。再者，时局益乱，而朝中争权夺利特别是副总统之争，主要在孙科和李宗仁之间展开，各自大请其客，均以粤菜馆为据点，川菜馆食事遂不能为时人多所记录，成时代遗憾。

注释：

1 连士升《又要逃难了》，见《回首四十年》，收入《连士升文集》第二卷，北京大学出版社2011年版。
2《首都生活各面观》，天津《大公报》1928年9月3日第3版。
3 西方朔《首都菜馆业的今昔》，《新闻报》1935年5月19日17版。
4《黄侃日记》，中华书局2007年版，第290、629、678页。
5 同上书，第302、365—366、374、379、405、410、535、628、675页。
6 同上书，第697、769、987—989页。
7《邵元冲日记：1924—1936年》，上海人民出版社1990年版，第515、520、522、626、642、656、675—676、684、690、695、697、698、720、724、726、751页。
8《首都食色小志》之一《西餐馆与中菜业》，《北平晨报》1931年12月30日第3版。
9《晶报》1931年12月9日第3版。
10《余绍宋日记》，中华书局2012年版，第1196—1197、1212页。
11 同上书，第1397—1398页。
12 同上书，第1413—1414页。
13 曙山《热在南京》，《申报》1934年7月20日第14版。
14《旅京必读：首都的“吃”》，《新生活周刊》1935年第1卷第63期。
15《实业公报》1935年第214—215期。
16《实业公报》1936年第277期。
17《实业部指令》，《实业公报》1937年第334期。
18《五卅校刊》1936年第4卷第26期。
19 菊《首都漫谈》，《新闻报》1936年3月3日第7版。
20 伊人《都中川菜》，《晶报》1936年7月31日第3版。
21 阿拉《鄂山荫谓川菜是代表菜》，《晶报》1936年8月13日第3版。
22 芸《南京的吃》，《市政评论》1936年第4卷第2期。
23《陈克文日记》，社科文献出版社2014年版，第43页。
24《朱希祖日记》，中华书局2012年版，第547、555、611页。
25《竺可桢全集》，上海科技教育出版社2005年版，第六卷第37、39页。
26《张宗和日记》，浙江大学出版社2019年版，第二卷第64、74页。
27《顾颉刚日记》，台北联经出版公司2007年版，第三卷第433、440、592页。
28 同上书，第五卷第761页。

29《益州饭店广告》，南京《社会日报》1946年12月24日第2版。
30《宴琼园川菜馆广告》，南京《社会日报》1948年4月2日第2版。

第六章

出川先入汉：民国武汉的川菜馆

饮食文化大家唐鲁孙说："武汉三镇，从历史上看，在三国时代，龙争虎斗，已是兵家必争之地。从地形上来说，地处九省通衢，长江天堑，水运总汇。开埠既早，商贾云集，西南各省物资，又在武汉集散，所以各省的盛食珍味，靡不悉备，可以比美上海。"[1]

出川先入汉。武汉是川菜走出四川之后必经的第一大埠，可惜武汉虽是九省通衢，却是码头特质，早期出川的川菜馆都不尚辣，且走的是高端路线，所以给人的感觉是直接无视武汉而径奔上海而去了。而假以时日，不仅落地生根，而且超过风头甚健的粤菜馆而最擅时誉。故唐鲁孙又说："到了民国二十年，武汉大水之后，武昌比较像样的饭馆恐怕要算蜀珍了。蜀珍雅座四壁丹漆彩绘，挂有不少川籍名流的书画，他家小吃相当精巧，酒席也够气派。"并细说了其"像样"的细节：

> 笔者好友汤佩煌兄最爱吃这家的肝膏汤，据蜀珍大师傅说，做一份肝膏汤要准备鸡蛋三个，中号土鸡一只，上等猪肝十二两，葱、姜、盐、酒、白胡椒粉、细菱粉各少许备用就够了。先把猪肝刮成细泥，鸡蛋打碎起泡，土鸡煨成汤去油打清。先盛出一三红碗晾凉，锅里留下一三红碗鸡汤小火保温。葱、姜切成细末，

与肝泥搅和，加细盐及酒，连同打碎的鸡蛋一齐放入已经晾凉的鸡汤里搅匀，然后把搅匀的肝泥用纱布漏去渣滓，放在笼屉里蒸十五分钟至二十分钟。此时肝泥已经凝而未固，用竹签试戳，竹签上不留血迹即可。肝膏蒸好，适量盛入用开水烫过的瓷水盘或水碗里，立刻把火上滚开的清鸡汤，慢慢浇在肝膏上。此时肝膏越细越嫩，越容易被热鸡汤冲裂破碎，那就要看个人的手法了。一碗精致肝膏汤，汤清膏细，不但吃到嘴里滑香鲜嫩，而且看起来宛如一块猪肝石放在清澄见底的笔洗里一样明澈。

笔者只有在几位讲究饮馔的川籍亲友家吃过这样的肝膏汤，在饭馆里所吃，蜀珍算是头一份儿了。至于他家的干煸牛肉丝，外焦里嫩酥而不柴，最妙的是干松不油，一碟吃完碟底绝不汪油，这跟北海仿膳的炒肉末可称南北双绝，有异曲同工之妙啦。[2]

蜀珍既如此堪为武汉菜馆之表征，那么，说武汉的川菜馆就不妨从蜀珍说起，从国民党元老邵元冲说起。1936年11月，他途经武汉北上西安，10日、11日连续两天在蜀珍吃午饭："（10日）午餐于蜀珍饭店，尚精洁。""（11日午）餐于蜀珍餐肆。"[3]评价虽然一般，意义却不一般——一个月之后，他即伤殁于西安事变之乱枪。

更能与蜀珍声名匹配的，来自两广白话区（白话即广州话，白话区的语言饮食风俗均相近）广西岑溪籍国民政府行政院主管行政人事的参事陈克文。虽然抗战军兴，国民政府从南京西迁武汉，不久又再行西迁陪都重庆，驻留武汉时间并不长，但陈克文上蜀珍的次数可不少，而且同席之人来自政、学两界，均属显赫；还多有一日两赴之情形，且颇有风流谈助：

1937年12月5日：下午讨论各机关被疏散人员如何分发地方服务问题，历二小时始散会。散会后与吴景超同往蜀珍饭店晚饭。

1937年12月21日：晚间罗君强邀至蜀珍晚饭。

1937年12月31日：中午与彦远、介松、朴生、子青、关德懋至蜀珍午饭，顾客殊寥寥，足征武汉人口已视前大减矣。

1938年1月22日：陈芷町约晚饭于蜀珍，同桌者有罗隆基夫妇、罗君强、王平秋，并粤女孔小姐。君强言，孔小姐曾被某氏骗，兹已脱离某氏，急欲得一如意郎，于三个月内结婚。自言是上海中西女校学生，说上海话甚流利，态度轻浮，十足时下摩登女郎，将来必无好结果。

1938年3月9日：晚间邀景超至蜀珍晚饭。

1938年3月13日：君强邀往蜀珍晚饭。以从军日记出名之谢冰莹小姐，遇于席间，貌丑而体弱，不类想象中之女文学家。饭后至商业银行，谷正纲坐椅中状甚悲戚。（相士言其克妻）

1938年4月5日：午间许静芝邀往蜀珍午饭。晚间君强又邀往蜀珍晚饭。

1938年4月10日：十二时农所学生颜退省、黄应乾、高崇智、萧漫留、姚毓松邀宴于蜀珍，情谊甚殷勤。谈十年前事，不堪回首。又竟言余貌不独未老，近觉年少，态度亦复如是。此恐是思想退步之表现，否则是瞎恭维也。晚间自己作东道，请雷洁琼小姐、马君武、封禾子小姐、黄莹小姐、罗努力（生）夫妇、蒋廷黼大使、吴景超、甘介侯、朱林夫妇、李朴生，笑谈甚欢。努生夫人且醉倒，九时始散。旋访君强夫妇，别时君强私语云，彼与孔小姐之事，已告知其两妹，惟夫人则尚未知。此一幕喜剧不知如何开演，如何结束也。

1938年5月1日：朴生邀往冠生园午饭，与桂同乡黄仇、李任仁晤。饭半辞去，复至蜀珍，道邻有约必须往也。

1938年6月3日：景薇离婚妻杨秀娟来汉。与铸秋同作东道，请午饭于蜀珍，主客共十四人。

1938年7月31日：露莎请到蜀珍午饭，逸云又请晚饭，都说是饯行。其实这时候还有甚闲情呢。午饭时只得少甫、陟岩、露莎并余四人，晚饭却有十人。饭馆生意，似乎仍不错，惟材料已缺乏，许多肴馔已经弄不出来了。[4]

中国最后的闺秀，合肥“张家四姐妹”的大弟弟张宗和，虽然只去过一次蜀珍，也值得一记：“（1938年6月28日看完戏后）晚上到‘蜀珍’去吃的饭，我和小胖还是继续谈戏。”[5]

文人笔下，有时既没有第一，也没有第二。像唐鲁孙刚说完蜀珍是1930年后武汉所有餐馆里最像样的餐馆，墨迹未干，紧接着又说想在汉口请吃川菜，非蜀腴莫属。那到底哪家好呢？详看之下，也还真是各有千秋：

“蜀腴”，顾名思义当然是四川口味的菜馆，老板刘河官是四川成都觞园少东家，出川到汉口来闯天下，想不到一炮而红。民国二十年左右，在汉口请客吃川菜，非蜀腴莫属。后来河官年事渐高，就不大亲自上灶掌勺啦，可是遇有知味之士，他还是抖擞精神，不吝一显身手。

他最拿手的菜是水铺牛肉，据说是跟家里一位老佣人学的。他先把两分肥八分瘦的嫩牛肉，剔筋去膜，快刀削成薄片，芡粉用绍酒稀释，加盐、糖拌匀，放在滚水里一涮，撒上白胡椒粉就吃。白水变成鲜而不濡的清汤，肉片更是软滑柔嫩，比北方的涮锅子又别具一番风味。这道菜，肉要选得精，片要切得薄，作料要调得恰当，水的热度更有关肉的老嫩，看起来虽然简单，可是做得恰到好处还真不容易。笔者在蜀腴吃过一次后试做了几回，不是肉老，就是汤里沫子多，始终没摸到这道菜的窍门。后来来到台湾，才知道张大千先生府上也善制水铺牛肉，并且将其列为大风堂名菜之一。

蜀腴的青豆泥也是别处吃不到的一道甜菜。这道菜先把青豆研得极细成泥，脂油、白糖熬成糖浆，然后把豆泥混入，速炒带搅，渐渐把泛在上面的浮油滤净起锅，用大瓷盘子盛起上桌，翡翠溶浆，细润柔香。这个菜看起来不烫，可是不明究竟的人，吭呛一口不单嘴里起泡，甚至咽下去还觉得胃肠火辣辣的呢，所以这道菜只能用盘而不用盅碗，就是利于早点散热，不会让客人把舌头烫了还有苦说不出呢！记得闽台菜都擅长做八宝芋泥，有一家菜馆用中海碗盛芋泥上桌，愣是把一位女宾烫得直叫唤，宾主同感尴尬，堂倌更是不知所措，岂不是大煞风景。[6]

我怀疑唐鲁孙是不是晚年回忆出了差池——在时人笔

下，武汉三镇只见味腴没有蜀腴呢！邵元冲早在1933年就吃过味腴："（3月7日）晚，曹参谋长浩森在味腴川菜馆邀宴，同席有朱一民、蒋铭三（鼎文，长江水警局长）、萧仙阁诸君。"[7]

陈克文去味腴的次数则不亚于蜀珍，酒席上活色生香的情色故事，更远胜蜀珍，比如汪精卫的死党曾仲鸣"夜夜当新郎"等等：

> 1937年12月30日：何霜梅、申庆桂两科长约到味腴晚饭。与介松、彦远同往，喝四川大曲三杯。多日伤风咳嗽竟以此告愈。
>
> 1938年1月16日：陈春圃新从海外劝募公债归来，与朴生、志远、少岩、允文共邀至味腴晚饭，并请陈树人、易次乾、谢作民、甘乃光作陪。饭后被仲鸣强邀至德明饭店，复为我叫来一位身体发达完好的姑娘，面孔虽不甚漂亮，丰满的双乳，却极动人，年纪不过二十左右。他们要我带到甚么地方去，或者到那姑娘的家里。两个月的旅途生活，对于女人确实有些感觉需要，但不知为甚么却不应他们的好意。心里觉得这太对不起振姊了，结果给了五元的钞票与那姑娘，冒着雨回来中街睡觉。仲鸣、正纲他们差不多每夜都陪着姑娘睡觉的，奇怪的问我为甚么不带她走。我说我没有准备呀。他们各人身上都掏出一盒如意袋来，给了我一盒。虽然收了，却没有用。回来心安理得的就睡，到汉口后确曾为性欲苦闷过，辗转不寐，但不知为甚么到有了女人却没勇气了。
>
> 1938年1月20日：邓飞黄、范予遂柬邀味腴叙宴，客凡二十余人，有陈真如、郭春涛、曾仲鸣、谷正纲、黄少谷、胡秋原、

刘叔模等。

1938年1月23日：晚间罗隆基又邀至味腴晚饭。仍是昨晚的客人，但少了王平秋。孔小姐不断的发议论，表现聪明的地方不少，表现傻气的地方更多。罗太太不断的跌脚道，这孩子真无法。

1938年1月24日：晚间轮到我做东道请客，主客仍为孔为明小姐，陪客仍为罗氏夫妇、君强、芷町共六人。

1938年2月6日：晚间朴生、志远请宴于味腴别墅，到马超俊、麦朝枢、甘乃光、易次乾、陈春圃、陈剑如。马超俊容颜甚憔悴，不知是否丢了市长所至（致）。

1938年2月7日：中午刘公潜秘书请政院留汉同事午餐于味腴别墅。晚间君强、彦远共同具名，请宴于冠生园（其实是为人作嫁），明日又有蒙古各盟旗联合驻京办公处请宴。这种饮食应酬，渐渐多起来了。回忆民十五六年来到此地，此类事是绝无仅有的。那时候不知那一个馆子好，那一个馆子坏，更不知道那一个馆子最出色的是那几种菜色，连有名的武昌回鱼，可口的红菜苔，也是这一次来到之后，才听到名称，才尝到滋味。

1938年2月19日：乃光、朴生中午请宴于味腴别墅，客皆粤人。过气老官陈济棠、李济琛、陈铭枢均在座。我觉此种应酬殊无聊，不知朴生何以乐而为此也。闻委员长曾下手谕严禁宴会，卫戍司令部更颁（堂）皇文告，严禁挟伎侑酒，惟酒馆生意仍兴旺如故。马哥游记中，宋室南渡后，皇帝依然生活于优游山水，佃猎声色之中。当年杭州士大夫之生活想更有甚于目前之武汉者。本来河山破碎，尚含嬉渡（度）日，实为道理所不许。惟事实上，是否可以整个社会完全摒绝逸乐？且抗战既入于长期，娱乐是否亦便长期摒绝，实大足考虑也。余不怪人之嬉乐，而怪人之只知嬉乐，不知做事，或以嬉乐，而误其应做之事。

1938年3月16日：李景泌邀至味腴晚饭。

1938年3月20日：道邻将出国，院中同事饯于味腴别墅。

1938年4月4日：晚间院中同事十人宴请翁咏霓、蒋廷黼、何淬廉、魏道明、彭学沛、徐道邻、许静芝、滕若渠、吴景超（未到）到味腴别墅，均新旧同僚或上官也。

1938年4月7日：铸秋约至味腴晚饭，客有马君武、罗隆基夫妇、李迪俊、罗君强、汪立群、徐道邻、仇小姐、林小姐、刘清扬。

1938年4月8日：中午罗培英邀往味腴午饭，罗绍徽新从徐州回，为述最近台儿庄战况甚详。

1938年5月19日：褚民谊从上海来，顾季高从广州来，因与院中同仁共同邀宴味腴别墅，谈笑甚欢。

1938年5月22日：正午约农所学生黄应乾、颜退省、高崇智、姚毓松、萧漫留夫妇，及刘德荣、刘清斋小叙于味腴。晚饭后到商业银行，再参加竹战。

1938年7月24日：同事曹仲值邀午饭于味腴别墅，学生黄应乾、高崇智晚饭于邦可花园。[8]

武汉三镇，有了蜀珍、味腴，外加唐鲁孙的蜀腴（姑且算上），三足鼎立，足以撑起武汉川菜馆的天下，足以与风头最劲的粤菜争衡了，更何况还有一大批小型的川菜馆呢。大新印刷公司1925年印行的《汉口商业一览》，第114页说到川菜馆，就介绍了十九家，数量上也超过粤菜馆的十五家：

川味香，长胜街；

大有恒，经理彭松柏，戏子街；

天一生，经理岳章，剪子街；

永兴祥，经理罗述之，前花楼张美之巷；

旭升东，经理杨旭升，张美之巷土垱；

杏帘，经理洪纯斋，乾隆巷正街；

杏帘，经理洪云程，法租界望平里；

杏林春，小夹街；

协丰，经理彭松柏，大水巷正街；

协成生，经理罗伯承，长胜街；

信义长，经理李文治，长胜街；

美利通，经理辛裕隆，熊家巷河街；

春茂福，四官殿正街；

致和福，戏子街；

裕源，经理李庆臣，日租界平和街；

裕丰和，回龙寺正街；

源通，清芬二马路；

勤慎永，经理阮慎之，熊家巷河街；

汇川局，石码头正街。

这些川菜馆的名字也富于川味儿，多是三个字，令人一下就联想起成都的姑姑筵、颐之时、哥哥传等名店来。这还是1925年时，以后还不断有新店开出来，如张宗和初到武汉不久，有次情急之下外出觅食，一下就碰上了新开的成都饭店，竟然还遇到了熟人：“（1938年7月9日）想去四姑家，已经太迟了，怕吃不着饭了。到新开的成都饭店，一上楼，便碰到盛健。”[9]

胡风1937年10月1日抵汉，至1938年9月28日离汉赴渝，大约由于尚未“发达”，那一年之间他在日记中甚少有上馆子记录，只留下了一大一小两处：

> 1938年6月7日：到以群处，艾青在那里。六时半到“味腴”，端木底哥哥订婚请客。到六席，嘻嘻哈哈，太太们都大声地约着在昆明见。
>
> 1938年9月8日：同子民到医生处看疱后，再到小川菜馆同胡愈之、胡兰畦吃饭。[10]

馆子虽小，席上人物，倒是自足风流。

注释：

1 唐鲁孙《武汉三镇的吃食》，见《酸甜苦辣天下味》，广西师范大学出版社2008年版，第79页。

2 同上书，第84页。

3《邵元冲日记：1924—1936年》，上海人民出版社1990年版，第1439—1440页。

4《陈克文日记》，社科文献出版社2014年版，第138、146、151、166、187、189、199、202、211、222、259页。

5《张宗和日记》，浙江大学出版社2019年版，第二卷第216页。

6 唐鲁孙《武汉三镇的吃食》，见《酸甜苦辣天下味》，第79—80页。

7《邵元冲日记》，第967页。

8《陈克文日记》，第151、163、165、167、173、179、191、193、199、201、216、217、244页。

9《张宗和日记》，第二卷第221页。

10 晓风《胡风日记：武汉一年》，《新文学史料》2017年第1期。

第七章

近水楼台：民国云贵的川菜馆

云贵川同处中国大西南，在饮食分区上常常被粗泛地划入同一个区域，一些酒菜馆也就常常被搞混，比如引领北京川菜馆的瑞记，谭延闿就说是贵州人开的，也有说是云南人开的。反正三地的菜都尚辣，语言也都基本是西南官话，划为一区，也情有可原吧。既然饮食相近，那应该是同性相斥，为什么川菜能在贵阳、昆明等地发展开来，又是如何发展开来的呢？倒是值得探究。

在贵阳，今人的综述性文章如朱林祥、朱志国的《解放前广东街的商业活动》说：“清朝时期，开始是两广商人办百货、玉器来筑，后有一部分是办海产品（当时叫南货），批发给零售商店，随着市场的扩大和繁荣，江西帮、湖南帮、四川帮、云南帮商人也先后办货来筑，大部分在广东街安家落户。”各帮来了，但菜馆基本上是建不起来的，因为会馆基本上可以满足需要；菜馆之兴，是晚清民国以后的事，尤其是抗战军兴引发人、财、物大迁徙之后。

白天成的《贵阳的川味“四村”》比较好地说到了解放前贵阳川菜馆的情况，如说解放前，贵阳的杏花村、豆花村、飞花村、万花村，都是名噪一时的川菜馆。并说杏花村抗战前就开设了，地点在贵阳大十字老贵州戏院的背后，街道上根本看不见它的门面，但人来人往，生意却很兴隆，而且循贵州戏院山墙，穿小巷进内，拾级而上，“柳暗花明又一村”，地势宽敞，建筑古雅，气派不凡。大概以前是有钱人家的一座公馆，厢房多，三桌五桌的酒席都可以安置在厢房内；大规模的宴会，则有露天院坝。之所以能成功开设，与老板青怀之是袍哥大爷，在社会上转得开，能左右逢源有关系。但他的掌勺师傅——“围腰”——戴天禄却是贵州松坎人，早年北京瑞记的师傅也是贵州人，异曲同工。

白天成的文章还说，飞花村开在靠近旧称金井街的空地，老板杨炳臣是贵州遵义人，合伙的师傅周绍武是四川人，这点与杏花村相反。后来周绍武另去王家巷顶盘经营成都味饭店，还导致了飞花村停业。这倒让我们又知道了一家贵阳的川菜馆——成都味。至于豆花村，乃四川人刘荣清顶盘浙江馆子“乐露村”改造而成，最初是素豆花带小吃，以人力车夫等为主要顾客，因价廉物美，吸引了小学教师和一些单身汉。慢慢做出了名堂，菜式也讲究起来，一菜多做，花样翻新。白菜、莴笋、红萝卜、老瓜、白果、香肠等不但做花，而且摆设层次分明，布局美观，称之为“大花彩箱”。小杂烩也很讲究，肚子、冬菇、蛋卷、鸡、红萝卜等还掺入鸡汤，味鲜无比。以至于原贵州省主席杨森和他的老丈人都喜欢在此设宴，受欢迎程度可见一斑。万花村设在原来世杰花园，几乎是飞花村的升级版，由当年在飞花村搞采购的汪银洲（绰号汪麻子）为首，戴天禄师傅掌灶。[1]

从朱、白二文中，我们约略可体会的是，川贵之间言语风俗、饮食口味相近，得近水楼台之便，菜馆可以互相开设——四川人做老板、贵州人做厨师或贵州人做老板、四川人做厨师均可，不像粤菜馆之于桂林，非得等到抗战之后，习于粤菜的外江群体大量聚集才能开得出来，正是虽同有近水楼台之便，却无饮食风俗之近的缘故。

话虽如此，贵阳的川菜馆纷纷开出，仍然要在抗战之后，人员大流动才会有大需求，此前不过凤毛麟角。从中国航空建设会贵州分会《航建旬刊》编辑部1938年编辑出版的《贵阳指南》，我们看到贵阳一下涌出了一大批外地菜馆，川菜馆当然不遑多让：

贵阳市餐馆一览表：

上海大酒店，中华北路，广东；

绿鹤村食堂，中华北路38号，云南；

洁而精，三山路99号，云南；

故都春，三山路6号，北平；

五羊食品店，光明路60号，广东；

大众食堂，中华北路46号，四川；

农村饭馆，三山路94号，四川；

鑫记饭馆，三山路90号，四川；

华北饭店，三山路19号，北平；

中州饭店，盐行路，河南；

廉洁食堂，盐行路34号，四川；

四时春便饭店，金井街138号，四川；

新生活同乐社，交通路228号，广东四川；

珠江酒家，中山路165号，广东；

南华酒家，南华路99号，广东；

银宫，南华路144号，云南；

远东，南华路146号，广东四川；

嘉和，贯珠桥69号，四川；

四海支店，翠微阁，广东。

《航建旬刊》为什么要编这么一本《贵阳指南》？应该是有一种内驱力，即航空及维修等相关人员几乎全部来自外地，尤其是广东，[2]他们及其家属均需了解贵阳的种种情形，反映在菜馆上，介绍川菜、粤菜独多，也与这两大菜系早已以上海为中心在下江地区广泛流行开来，颇适众口有关。或许由于外地驻贵阳机构编撰之故，里面挂一漏万的现象甚多，比如前述贵阳川菜馆的四大村，竟无一见列。事实上，直到民国末年，豆花村还是当地的名贵餐馆："这一次节约运动中，筑市各餐馆多数都遵照规定当堂出售六菜一汤的节约筵席，结婚筵席一律明知点心。九日，铜像台川菜馆豆花村，以黑市售出高贵筵席三桌出堂，正将筵席搬出的时候，被站岗警士发觉查扣，结果，这三桌酒席，全被没收，两桌送孤儿院，一桌送救济院享用，豆花村餐馆也被停业三天。"[3]

豆花村在，更老牌的杏花村也一直雄踞贵阳："协记杏花村川菜馆，喜庆礼堂，包办筵席，节约小吃，各种面点。地址：中山东路贵州大戏院隔壁。"[4]还有后来居上的蓉光川菜馆："味冠西南各省，设备筑垣第一，礼堂高尚宽敞，餐间整洁舒适，调味力求精美，价值尽量便宜。地址：中华中路一一六号。”[5]还有两家川菜社应时改组：“四川饭店、芙蓉川菜社（两家）改组启事……”[6]

至于昆明，更是大后方的大前方——美军的后方基地，也是最负盛名的教育机构西南联大的驻地，人员更为多方，同样也跟四川近水楼台，因此川菜馆更形发达。但由于地处偏远，记载不多，至少像城市指南或导游指南之类的图书编撰就比较少，因为鲜少有人在交通如此不发达且战乱频仍的年代跑到昆明去玩，也因此，通过这类图书留下川菜馆记录的机会就比其他大城市要少很多，直到1944年中国旅行社发行的黄丽生、葛墨盦所编的《昆明导游》，也只是简单的一两页介绍，分到川菜馆，当然也就一个条目几行字了：“川菜则以光华街的‘蜀光’为最著，像干烧鱼之类确很可口，其他菜肴像辣子的程度也还适当。此外护国路的‘老乡亲’也能吃，不过，里面么师的说话口音，听起来却像是住在昆明多年了。”而著名的《旅行杂志》创办人赵君豪的《昆明导游》（中国旅行社1939年版），则几乎不提酒菜馆的事儿，统共三五行文字，形同虚说。有鉴于此，我们今日的钩沉，倒显得更有意义。

其实，在媒体广告中，蜀光固然老牌，乡芗才是后来居上：“光华街本市唯一道地川菜蜀光川菜馆，老牌川菜，经济可口，经济面点，物美价廉，便易第一；赐顾称赞，口味第一，便易第一。”[7]“川味正宗乡芗川菜馆，地址：宝善街十八号。集川菜名师于一堂，精制喜庆大宴美点。”[8]

同一报纸上的两条广告，时间相隔不足一周，一个称“本市唯一道地”，一个称“川味正宗”，由此可知媒体广告不可径信，但乡芗的地位还是可信的。不过，“不幸”的是，乡芗没有蜀光和蜀芗那么“幸运”——有吴宓去吃且留下了丰富的记录，并且让我们知道，蜀光所谓的老牌，不过建立在蜀芗的基础上；可更贵的是，还留下了一些其他要人的饮宴记录，比如清华校长蒋梦麟宴请教育部督学陈东原等等，当然最好玩的还是吴宓永远离不开的席上谈情与说爱：

1943年7月28日：宓请琼入城蜀芗川菜馆（光华街）晚饭。进香花酒（145元）。

1943年7月31日：宓请勋蜀芗便宴，进香花酒（135元）。勋送宓归，谈“子见南子”案始末，及长沙酒馆等。

1943年8月2日：宓请灵入城（途遇福熙）至蜀芗午饭（140元）。谈次，知灵夫即戚长诚，因1941恋渝一女伶，与同居至今，灵遂与分离云。

1943年8月8日：文化巷30访教育部简任督学陈东原……（午）麟请同熙等陪宴陈东原于蜀芗，饮所谓五茄皮酒。

1943年8月20日：4:00携熙、宁，携桃，至蜀芗楼上前厅。宓于此宴客。（共付1200元，其中百元系加捐，九十四元则为小账。）客为严灵、沈觐宜、铮、水、彤、雪梅、麟、熙、宁及陈毓善、樊筠夫妇，宾主共十二人。雪梅先到，赠香花酒一瓶，即共饮。（又赠糟鱼一罐，退回。）铮赠《吴公雨僧五秩志庆》诗。

1943年9月19日：同淑蜀芗晚饭（60元）。

1943年9月25日：同铮及覃葛5:00至蜀芗。覃葛食面即去。宓于此宴许芥昱、沈师光、林鑫、于绍方、卢绍华及铮、淑，共八人。（790+60=850元），饮黄酒二斤（120元），

1944年1月2日：程行敬来，辞将赴江西。同至靛花巷。正午，宓与钱学熙、韩裕文、任继愈同饯行敬于蜀芗楼上，每人各出205元。

1944年1月23日：11:00靛花巷邀熙同至蜀芗，始知已改为蜀光，暂停营业……俟客齐集，乃改邀至华山南路鸿运楼。

1944年1月30日：6—8蜀光（即蜀芗改名）赴钱宗文招宴，进黄酒。[9]

吴宓在昆明期间，除了去这些知名的大川菜馆饮宴，更常去小川菜馆觅食果腹，早期甚至不记店名，如：

1939年11月27日：郑之蕃邀同至黄公东街四川馆，食汤圆二碗。

1939年12月18日：下午2:00访雪梅，偕访韩斌于女青年会。又梅请至四川馆食汤圆。

1942年8月1日：对街四川肆食包子，早餐。

1942年8月3日：晨，对门四川肆，包子，早餐。

1942年8月4日：对门可口食店（四川肆，包子）早餐。[10]

到了1943年中，他就开始记下店名了，之所以记下，或许与爱情有关：“（1943年7月29日）铮请宓青云街简而洁午饭（客饭每人二十二元），因其名，忆1933年七月上海

彦所居（元昌里）邻近洁而精川菜馆屡次宴聚，不胜伤心。”这洁而精、简而洁、约而精之类的小店，根据民国菜馆命名的惯例，既然是主要针对内迁或避难至此的下江人而开设，又袭用（或稍加改动）上海川菜馆的旧名，基本可以判断为川菜馆。由于吴宓在昆明后期，基本不包饭，几乎都在外面小店解决一日三餐，因此在此后一年间，去简而洁的频率极高，平均下来几乎达到每天一餐的水平，使我们无法悉记，仅略拣有价值的几顿附录如下，比如请比较重要的客人或比较重要的客人请他，小店更见熟络和真情：

1943年8月9日：正午，同朱自清简洁午饭（26元）。

1943年8月15日：晨9:00简洁遇罗常培，介见其女坤维、子□□，又郑天挺之女郑雯等。罗请宓同众早饭。

1943年10月22日：至简洁，敬请早饭，丹请食烧饼。

1943年10月23日：简洁袁家骅请早饭。

到1944年，他又转往了另一家川菜小馆约而精。吴宓饮食有一个规律特点是，某一时间段他喜欢上哪家小店，就经常去，甚至天天去——自从去了约而精之后，就几乎不再去简而洁：

1944年3月13日：约而精晚饭（40元）。

1944年3月28日：约而精早饭（20元）……浦君陪宓约而精晚饭（客饭）（60元）。[11]

也就在1944年秋天，吴宓转往成都燕京大学任教，作别昆明，再未回来，昆明食事也因之告终，但吴宓对川菜馆的存录之功，实不可没。试想想，后来也以谈吃而著称的汪曾祺，提到过昆明的川菜馆，却一家店名都没提，那还有谁会提呢？“昆明护国路和文明新街有几家四川人开的小饭馆，卖豆花素饭和毛肚火锅。”[12]

最后要说一下吴宓的旧情人新妹妹卢葆华与人合开的湘黔酒家，虽未标川菜馆之名，味实近之，且别有因缘，适堪作为吴宓昆明饮食生活的附庸：“（1941年11月13日）晚5—8时富春街口湘黔酒家（雪梅等四人合股经营），雪梅宴请联大教授多人。”[13]

注释：

1 均载贵阳市政协编《贵阳商业的变迁》，贵州人民出版社2012年版。

2 参见周松芳《食在广州的贵阳往事》，《书屋》2022年第2期。

3 成《黑市酒席送孤儿吃　贵阳一餐馆被罚》，《大公报》香港版1948年11月18日第7版。

4《杏花村广告》，《中央日报》贵阳版1944年3月15日第1版。

5《蓉光川菜馆广告》，《中央日报》贵阳版1946年4月26日第4版。

6《民铎日报》贵州版1946年4月11日第1版。

7《蜀光川菜馆广告》，《扫荡报》昆明版1944年4月5日第4版。

8《乡芗川菜馆广告》，《扫荡报》昆明版1944年4月11日第1版。

9《吴宓日记》，生活·读书·新知三联书店1998年版，第九册第85、88—89、92、101、120、124—125、181、193、197页。

10 同上书，第七册第96、102页，第八册第352、354、355页。

11 同上书，第九册第86、93、96、138—139、225、234页。

12 汪曾祺《川菜·徽菜》，载《五味》，山东画报出版社2016年版。

13《吴宓日记》，第九册第200页。

第八章

合是下江川菜：民国桂林的川菜馆

李焰生在《桂林的繁华梦》一文中介绍因武汉、广州陷落而致桂林菜馆突然繁兴的状况时说：

北地胭脂，南朝金粉，更加上广州小姐，香港密斯，与力争上游的本地太太小姐，把一个古朴之地，成为艳丽之场。为了她们，一切娱乐的场，增加到了惊人的数字。就酒馆而论，最初是一间桂南酒家，其老招牌的吸引力，把作为桂林菜的代表者天然居的顾客吸引了去，不及二十元桂钞酒席，把一位大骂广东菜要不得的范新琼大姐，吃到她由头到尾都叫好。后来，广东菜馆，由东方园到东坡、文园、南园、西园、天然各酒家。桂林菜的洞天，半开门面做生意，却让秀峰及新开张的南强在包办筵席。四川菜由于张家三姊妹所开的味腴，去倾动寂静的城，继之而起的，则为美丽川菜馆等两家。作为江浙菜的，由新苏扬子而至豫丰泰等大小酒馆，令你吃之不遍，记之不清。如平津食堂而至油条烧饼的北方风味，也尝之不尽。除了福建河南徽州之外无不应有尽有。至于西餐，最初不过乐群社聊备一格，继之而起的，则为大华饭店，用具系深圳赌场者，吃餐者不要到过深圳，一望其记号就知。后起之秀，一时夺乐群社之席。然咖啡等则似是炒焦的黄豆水，无甚意思也。后来为了供应盟军，阳桥南堍，又有中央饭店出现，规模却大些。这是上海四马路西餐的作风，一派江浙式的西餐口

> 味。后来，带有南洋风味的美斯之类的小餐室，很精巧的开在凤北路。还有一间充满了绝对西洋格调的丽都，是一家广东人兄妹商店，餐点之佳，实冠于桂林，而较斯文之盟军，一下飞机，即驱车而往；初在文明路，继迁环湖路。[1]

顾客口味决定菜馆兴衰。抗战军兴，蜂拥而入桂林的外地人，除了邻省的广东人，俗称下江人的江浙沪人士应该更多，特别是桂林一度成为大后方的文化中心，那些文化出版机构的人士中，下江人更多。因此之故，桂林菜馆的口味都颇为迎合他们。试想想，在抗战前，作为与广东往来密切的城市，桂林竟然没出现过一家粤菜馆，而当时因避难入港、人众而兴的香港川菜馆，也以下江川菜馆师傅为招徕，则桂林川菜馆偏于下江口味，是可以推定的，而从存留文献中，桂林粤菜馆也多见于下江人的记录。这些记录中最有意味的是，江南的实业家兼教育家去川菜馆风起云涌而以上海口味为正宗的香港，吃了诞生于1846年的老牌粤菜馆杏花楼之后，竟然觉得是“袭上海一粤菜馆之旧名也”——早在1846年，上海除了小小的消夜馆，是绝对找不出粤菜馆的，更找不出杏花楼——并说“治餐甚佳，有家乡风味，为之饱啖而返”，[2]俨然把上海的粤菜馆当作他们的家乡味了。

孤证不立。一个湖南人，在吃惯了上海川菜馆之后说：“四川菜是海内闻名的，就是我这不讲究饮食的人，也因振于其名而常在下江上四川馆子。”到1924年去川菜的老家巴渝之地时，虽然承认“下江的所谓四川馆，其成分中总夹有他种元素；四川省里面的四川菜自然是最纯粹的”，但又坚持说“上海的美丽川、兴华川何尝不被称为真正的四川馆呢”，虽然“自座位以至杯盏无不是上海化”。[3]

读者诸君，是不是觉得很有意思呢？所以，桂林川菜馆迎合避地迁居于此的下江人士，自是情理之中，甚至可以比巴渝川菜来得更“正宗”。

笔者寓目的最早留下桂林川菜馆记录的著名文史学者和杂文家宋云彬，正是下江（浙江海宁）人。他在20世纪30年代任开明书店编辑，主持编辑校订大型辞书《辞通》并主编《中学生》杂志，抗战开始后便迁往桂林参与创办文化供应社，编辑《野草》杂志等。他的川菜馆记录正始于李焰生所推举的味腴：

> 1938年12月20日：午与吴渌影饭于味腴川菜馆。
>
> 1938年12月24日：与光暄在附近味腴川菜馆午餐。闻警，吐哺而走避郊外山洞中。
>
> 1939年3月12日：夜与雪山、梓生饮于美丽川，费法币五元，舒群亦在座。
>
> 1939年3月23日：李则芬、戴郛、郑南宣均将离桂林去渝，张组长特约之小饮，邀余作陪，地点为桂西路美丽川菜馆，菜七八味，费法币拾五元，昂贵已极。
>
> 1940年2月9日：午后宋之英来，张季龙约他晚餐，定在美丽川菜馆，余与愈之亦被邀。
>
> 1940年4月7日：晚《中学生》同人在美丽川叙餐，商革新形

式，充实内容。

1940年5月19日：六时应《力报》聂绀弩之邀，去美丽川菜馆，来客甚多，与夏衍等畅谈。

1940年6月23日：七时偕季龙等在美丽川吃饭。[4]

宋云彬的桂林川菜馆记录是先味腴后美丽川，二者皆是上海著名的川菜馆，在下江人眼里，可谓名实相副了。1939年，一路避难南下来到桂林任教于两江师范的丰子恺，日记中多记下江菜馆，川菜馆唯记美丽川一家："（1939年3月29日）午彬然至。愈之约稿，赴'大华'吃西菜，张志让君同座。晚章雪山兄宴客于美丽川菜馆。彬然被推戴为《中学生》主编。"[5]这或许与他在桂林待的时间不长有关。之后他旋即任聘浙江大学，随迁宜山、遵义了。

1942年，叶圣陶曾作蓉桂之行，其间从6月4日至7月11日盘桓桂林月余，多有下江馆之记，更多家宴之录，却未曾一尝川菜馆，堪为一奇。他见到了自港避难于此的柳亚子："（1942年6月12日）返文供社，晤柳亚子先生及其女无垢，亦来此避警者。柳自香港返国，将寄寓此间。貌清癯，须发萧然。"[6]而柳亚子，两天前获宴于美丽川菜馆："六月七日晨抵桂林，越三夕，于伶、柏李招饮，喜晤田寿昌，赋赠一绝：万里投荒吾未死，五年重见子犹雄。黄尘六月桂林市，谁识人间有卧龙？"[7]张明观《柳亚子传》（社会科学文献出版社1997年版）第448页也提到柳亚子饮宴之处为美丽川菜馆。美丽川菜馆也是当时文艺人士的雅聚之选，如美术界1942年的新年联欢聚餐即选在那儿："桂林美术界同仁于卅一年元月二日假美丽的川菜厅举行新年联欢会……"[8]

桂林川菜馆从抗战初期的1938年，发展到中期的1942年，已经稳固地占有市场地位，虽然数量上并不算多。徐祝君主编的《桂林市指南》说："川菜在桂林已获得了相当地位，尤其近年来外路人来桂林日多，除了不喜欢吃辣子的少数江浙人外，他如湖北、广东、湖南以及上路贵州、昆明方面人士都喜欢尝尝川菜口味的。川菜馆子仅美丽川、嘉陵两家，美丽川的历史较为悠久，是抗战的第二年开办的，早已闻名遐迩了。嘉陵则为后起之秀，开办尚不及一年，两家都以清洁卫生著名，菜的制作各有千秋。嘉陵的泡咸菜、回锅肉，美丽的扣肉、干炒牛肉丝、糖醋鱼都是大家每次必吃的。且有礼堂租用，做寿、结婚都称便利，宴客亦简单。只消把你要的客人开出名单和地址，请柬可以由店方代写代送，届时你先到数分钟，你所要的东西早已为你预备好了。"[9]顾震白编的《桂林导游》（大众出版社1942年版）第56页也说只有两家：桂西路的美丽川菜社和中北路的嘉陵川菜馆。

只有两家发达的川菜馆，可能是市场"大鱼吃小鱼"之故——美丽和嘉陵的发达挤掉了别的川菜馆。且不说前述的蜀腴，沈永椿编的《广西指南》（商务印书馆1939年版）第116页还收录另一家上等川菜馆：香邨川菜社，中北路，上等，川菜。当然，桂林在当时是个中等偏小的城市，网上检索到的数据是，1947年桂林的人口才13.07万人，所以各"指南"里，桂林的外帮菜馆除粤菜馆略多几家外，其他都是三两家，而上等川菜馆先后出现三四家，已经算很不错了。

尽管如此，意犹未尽。美国作家格兰姆·贝克说："在中缅印战区的美军中，桂林被称为'东方巴黎'，这主要是因为桂林有着许多漂亮而易于接近的妙龄女郎。"又说："在战时的内地，只有桂林无视'新生活运动'禁止播放流行音乐的命令。"[10]因此，尽管桂林只是十几万人口的小城市，但其诗酒声色却会畸形发达，于川菜馆的著录，指南之类的书籍肯定会挂一漏万，因为不少编者还是耳食一族，即便身处其中，也非有市场调查统计专才的人，更何况即便是专门人才，又如何能面面俱到，成为全才、通才？所以，我们稍加检索，即发现不断还有新菜馆开出来：

> 本市最高贵的新生菜社，唯一闽菜，驰名川菜，欧美大菜。[11]
>
> 新亚川菜社开张启事：已于本月六日交易。[12]
>
> 百乐门川菜馆，蓉渝名厨师的集中营……俄英法语，招待盟友。地址：中南路。[13]
>
> 嘉陵川菜馆露天花园现已开放。[14]

尤其是第三条，直接呼应了格兰姆·贝克的说法。第四条嘉陵川菜馆的升级举措，也反映了当时畸形繁荣的状况。

关于桂林川菜馆后起之秀嘉陵川菜馆，也有许多诗酒风流的逸事。比如，聂绀弩有一首《题尹瘦石〈漓江祝嘏图〉（二首）》曰："文化城中文化头，一时裙屐竞风流。樱都跃马人何在？影倩宜兴画手留。三十几年兴与亡，人间正道是沧桑。别来无恙诸君子，忆否谁曾共一堂。”尹瘦石1991年11月27日在给侯井天的信中说：“一九四三年五月二十八日为柳亚子先生五十七初度，桂林文化界假嘉陵川菜馆祝贺，我即席为来宾速写头像，画有四十余人：柳亚子夫妇、欧阳予倩、熊佛西、叶子、宋云彬、端木蕻良、周钢鸣、司马文森、安娥、孟超、陈芦荻、谢冰莹、巨赞、陈迩冬、朱萌龙、林北丽、李紫贵、傅彬然等，后补绘何香凝及其孙廖恺孙（廖承志之子，现名廖晖），柳亚子题有两首律诗，当时题名《百寿图》，即今《漓江祝嘏图》也，绀弩诗‘别来无恙诸君子，忆否谁曾共一堂’即指图中诸人。”“《樱都跃马图》是应柳亚子先生而作。‘樱都’指东京。所谓‘樱都跃马’者，意谓直捣东京也。此画作于一九四三年，一九七七年绀弩题诗时隔三十多年。”侯井天又补注说：“‘四十余人’，实为48人，尹信未举人名还有田汉、陈劭先、任绮雯、李白凤、彭燕郊、王文彬、方镇华、符浩、聂绀弩、王一凡、王羽仪、王小涵、周游、柳无垢、光辽（无垢之子）、尹瘦石；连尹信所列仅为37人——据陈迩冬《记百寿园卷题咏》。陈文尚云：‘各人签名于头像旁。’”[15]这种诗酒风流的盛景，是上海川菜馆盛时也难觅的。

有说柳亚子跟嘉陵川菜馆老板徐寿轩和老板娘宿伯石友善，1943年2月16日应邀赴宴，同座尚有端木蕻良、欧阳予倩和田汉等文艺界人士十余人，席上感慨，赋诗一首，其中两句“笔投耻续班昭史，剑啸难忘越女年”后来还被端木蕻良引为剧本《红拂传》的出场诗。[16]杜宣也说到柳亚子跟嘉陵川菜馆的熟稔，熟到可以以诗抵账："1942年大除夕，我去亚子先生家辞岁，坐了一会儿，宋云彬、孟超、许之乔等，也都陆续来了。亚子先生这天兴致极好，谈笑风生，到了快吃晚饭时，又来了一些客人。我们正起身告辞，他却拦住我们说：'大家都不要走，我们到馆子里去吃一顿团年饭吧！'这样，我们一群人被亚子先生带着，走进嘉陵川菜馆。吃完酒饭后，茶房送上账单，亚子先生接了过来说：'告诉你们经理，今天我们没带钱，我写首诗给你们付账吧。'一会儿，杯盘撤去，铺上宣纸，放好笔墨，亚子先生对大家笑了一笑，就提笔写了一首七绝：'金貂换酒寻常事，难得今宵酒又醇。三十一年大除夕，愿拼一醉在嘉陵。'"[17]

柳亚子之所以跟嘉陵川菜馆这么熟，端木蕻良的回忆录揭示了一个秘密："当时，亚老倡议以诗钟的形式，做一次宣传活动，因为这和桂林的客观情况，极为符合，桂林龙隐岩的石刻中，正好有'党人碑'在。用南宋偏安来讽刺当局的假抗战、真投降的面目，用党人碑的例子，来宣告是非是不容颠倒的，历史是不容篡改的。基于这些认识，所以我也参与发起这个活动。恰巧，徐寿轩、宿伯石和张慕辛诸位同志筹备的嘉陵川菜馆已经开业，它也是民盟开展工作的一个据点。所以，我取得徐寿轩同志认可，便借嘉陵川菜馆来举行，以广招徕。因为诗钟这种形式，对广大群众来说，未免生僻，不应搞得过于清冷，才能收到预期的效果。"[18]

原来是“同志们”开的酒店，负有政治使命的。不过嘉陵川菜馆确实办得好，若干年后，连他们当年的广告词“桂林山水甲天下，嘉陵川菜甲桂林”都在被人夸耀。[19]

桂林西行，另一个广西的重要城市柳州，因为同属江南和粤港群众内迁的经行之地，一时间各外帮菜馆也涌现出来，如蔚然的《西南旅行实录》（从香港出发）说：“讲到吃的方面，在柳州居然可以尝到各地的口味。广东馆自不必说，其他如京馆、川馆，以至山东馆、宁波馆都有，不过价钱贵得可以。但因过路客多的关系，家家门庭若市。不过宴会多在晚上，中午时怕有空袭，商店都半掩着门营业；其余饭馆虽没有这种情形，但有许多怕客人吃了一半，遇到空袭来不及会账，便一哄而散，所以要先收钱。最有趣的是茶室，每取一碟点心，付一次钱，颇有外国自动‘轮取’机的风味。”[20]

注释：

1 李焰生《闲人散记》，新夏出版社1946年版，第三集第41页。《闲人散记》第二集由中国图书文具公司1943年出版，而本集提到国庆三十五周年，则最早在1946年出版。

2 朱少璋编：《沈燕谋日记》，香港中华书局2020年版，第312页。

3 舒新城《漫游日记》之《蜀游心影》，中国文史出版社2021年版，第105页。

4 宋云彬《桂林日记》，见《红尘冷眼：一个文化名人笔下的中国三十年》，山西人民出版社2002年版，第3、19、21、55、64、71、76页。

5《丰子恺日记》，海豚出版社2013年版，第177页。

6 叶圣陶《旅途日记五种》之《蓉桂往返日记》，生活·读书·新知三联书店2002年版，第52页。

7《柳亚子文集：磨剑室诗词集》，上海人民出版社1985年版，第998页。

8《音乐与美术》1942年第3卷第1—2期，第1页。

9 桂林《自由报社》1942年11月版，第20页。

10 格兰姆·贝克《战时中国：一个美国人眼中的中国1940—1946》，天地出版社2020年版，第187、189页。

11《新生菜社广告》，《扫荡报》桂林版1939年10月20日第1版。

12《新亚川菜社广告》，《扫荡报》桂林版1940年7月7日第1版。

13《百乐门川菜馆广告》，《扫荡报》桂林版1942年12月15日第1版。

14《嘉陵川菜馆广告》，《扫荡报》桂林版1943年5月31日第1版。

15《聂绀弩旧体诗全编》，武汉出版社2005年版，第220—221页。

16 方庆秋编著：《沙洲驼迹：档史结合之旅》，东南大学出版社2018年版，第352页。

17《杜宣文集》，上海文艺出版社2004版，第5卷第407页。

18《端木蕻良文集》，北京出版社2009年版，第7卷第289页。

19 陈洪波《抗战时期〈广西日报〉（桂林）广告研究（1937—1945）》，厦门大学出版社2016年版，第119页。

20《申报》1939年8月9日第8版。

第九章

书事与食事：王伯祥与民国上海川菜馆小史

我的朋友罗韬为拙著《粤菜北渐记》作序说："看晚清民国之际粤菜的北渐史，其所以能驰骋九州、横绝一时，总而言之，大抵不出'官家定其品，文家扬其名，厨家精其艺，商家助其势'四端。"尤其是在上海。我从一开始研究岭南饮食文化，在第一本书《岭南饕餮：广东饮膳九章》中即初判，"食在广州"的得名，实在是晚清民国的事，尤得力于作为新的商业和文化中心的上海媒体和文人的鼓吹。我在《民国味道：岭南饮食的黄金时代》中，更大力宣扬这一点，并逐渐获饮食文化界和餐饮从业界的认可。其实，不独粤菜如此，川菜何尝不是如此？所以，梳理上海川菜馆与文化人互动关系的历史，也是件饶有意味的事。

上海粤菜馆的文化逸事，最丰富的当数新雅了。曹聚仁回忆说："文化界熟的朋友，在那儿孵大的颇有其人。傅彦长君，他几乎风雨无阻，以新雅为家。"[1]《时事新报》副刊主笔林微音有过之而无不及：因为老喜欢约人在新雅聚谈，有人认为是他开了"上海滩文人相约新雅的先河"。据他本人所写的一篇《老新雅东厅素描》记述，即使约不到人，他也会上新雅，枯坐着想："叶灵凤、刘呐鸥、高明、杜衡、施蛰存、穆时英、韩侍珩等有的时候简直好久不来，有的时候就好几个人一起来。"[2]

事实上，傅彦长于粤菜馆也并非独沽一味，只上一家，他上的粤菜馆可多了，笔者曾根据张伟整理的《傅彦长日记》，参考其他文献，写成了一篇2万余字的长文《美食与文艺皆不可辜负：傅彦长与上海粤菜馆》，堪称一部上海粤菜馆小史，摘要浓缩成《傅彦长与上海粤菜馆》一文刊于《书城》2022年第5期。那么，对于上海川菜馆，也可以通过现代文史研究名家王伯祥及其他同道的诗酒风流来看民国上海川菜馆之小史，虽然王伯祥上川菜馆的频率并不算高，但他一直待在上海，而且有从1924年开始迄于民国之世的完整日记记录。

王伯祥（1890—1975），江苏苏州人，1906年考入苏州中西学堂，1907年考入苏州公立中学，1908年与同学（不同班）吴宾若、顾颉刚、叶圣陶等组织诗社，毕业后入苏州甪直镇县立第五高等小学任教，同时任北京大学国学门通讯研究员。后曾于1919年任教于厦门集美学校，1921年任北京大学中文系讲师，1922年暑假辞职回乡，随即加盟商务印书馆任史地部编辑并迁居上海，积极参与文学研究会的活动。现存已出版的王伯祥日记则始于1924年。在上海最初的饮食记录是上了一两次本地小酒馆预丰泰——此后也多上这类酒馆小酌，特别是1932年转到开明书店以后，如唐弢所说："开明书店编辑有个共同爱好：杯中物。下班以后，相率前往王宝和或者高长兴（都是上海有名的旧式酒店）。"[3]

上海的这类旧式酒店或酒馆，早期专卖酒，最多配些像孔乙己在咸亨酒店吃的茴香豆一类的小吃，后来则凉菜热菜一并配上，俨然菜馆，而饶有风味，所以直到民国后期，他们仍热衷于此。“（1946年2月26日）五时，与伯祥至小店共饮，候老舍、振铎。老舍尝谓盛宴共餐，不如小酒店之有情趣。振铎因以电话来约。未几，二君偕来，谈甚欢。共谓数十年来之老友得此小叙，弥可珍也。”[4]王伯祥第一次上菜馆，则是1924年1月14日散馆后，与沈雁冰、叶圣陶误入本地菜馆重元楼，味不甚佳。这次饮宴还有郑振铎等不少人都参加了：“文学研究会在重元楼聚餐，叶圣陶、俞平伯作东，郑振铎、沈雁冰、胡愈之、王伯祥、谢六逸、周予同等均冒雨出席。”[5]

20世纪20年代：都益处独领风骚

王伯祥第一次上外帮菜馆，是1924年1月15日与吴颂皋同赴广东菜馆味雅，第一次上川菜馆在1925年3月20日：“下午六时，与圣陶共应君畴之招，赴都益处宴会……在座者俱同学。”以苏州同学而相约川菜馆，还是一个有意味的开始。再去则要到1925年11月22日：“适有聚餐——文学会同人，在广西路消闲别墅——不得不暂停工作，联袂赴食所。”既然是文学研究会聚餐，当然少不了郑振铎——郑振铎游走出版界、学界和期刊界，又领导文学研究会，与王伯祥有多重交集，关系密切。这却成了目前能认定的郑氏上川菜馆的第一次记录，《郑振铎年谱》编制者完全转引王伯祥日记为证，尽管日记中并未提及郑振铎。

附带一说，王伯祥早期菜馆宴饮以本地馆子（包括徽馆）和闽粤菜馆为主，与郑振铎的情形大抵相同，这或许与郑氏祖籍福建长乐，生于浙江温州有关吧。直到1949年2月19日，时任香港三联书店总经理的老朋友徐伯昕“邀午餐，以振铎为福建人，特觅一闽菜馆”，[6]即颇资说明。

转年，王伯祥再上川菜馆，也还是与郑振铎一道：“（1926年6月29日）散馆后与愈之、振铎、予同、圣陶共宴佩弦于陶乐春。盖佩弦南归过此，今日曾来访予等也。”此后，他们上川菜馆的频率便高起来，而且去的多是陶乐春：

> 1926年8月12日：予与颉刚、乃乾、予同、圣陶、愈之、雪村、建功、志希往徐园啜茗焉。又谈至晚，乃出园，志希、建功去，予等七人复往美丽川菜馆晚餐。
>
> 1926年8月18日：伴介泉、万里至泰安栈，又上新宁（轮）看房间，已晚矣，便驱车晚餐于陶乐春。
>
> 1926年8月30日：夜间，振铎、雪村、愈之、丏尊、叔琴、大白、望道、雁冰、薰宇、予同、乔峰、圣陶及予公宴鲁迅于消闲别墅，兼为佩弦饯行。佩弦昨由白马湖来，明后日即将北行也。
>
> 1927年2月27日：振铎过予，乃共出，访六逸，未晤，径赴陶乐春午宴。
>
> 1927年6月4日：晨起看报讫，即出。徜徉至陶乐春，赴雪村

宴。至则人尚少，至一时乃开樽。予又为豪兴所鼓，多饮矣。

1927年8月28日：十一时许，圣陶来，乃偕往共乐春，赴马宗融宴。至则六逸已在，主人及两蜀客方陪谈。未几，调孚、雪村、愈之、仲云到，乃开樽。今日以主人蜀产，川菜馆遂特别道地，肴色新鲜，口味隽永，真良会也。

1928年5月12日：夜六时赴陶乐春聚餐，到丏尊、雪村、六逸、石岑、调孚、东华、依伦及予共九人。

1929年3月16日：夜六时，赴昌群陶乐春喜筵，与新娘及圣陶夫妇、予同、觉敷、宗融、柏丞、绍绪夫妇、振铎同席。[7]

特别是1927年8月28日晚宴，不太为人所道的共乐春，因为主人马宗融而贡献了一席令人称道的盛馔，殊堪记忆。更值得挖掘的记忆是，主人马宗融此际待在上海，乃是因为追求同窗好友罗世安的妹妹罗淑（后来以《生人妻》饮誉文坛）而于1925年自法归国，虽然彼此通信已三四年，罗淑也已22岁，但仍以一句“我要读书，一切等我毕了业再说”的老话婉拒，马宗融只好离蓉寓沪痴等，同时以帮《小说月报》等译介法国文学为生计，直到1929年罗淑完成学业，才回蓉迎娶，然后再双双启程赴法。[8]当晚与席的其他人物，不是文学研究会的就是商务印书馆的，以及新开办的开明书店（开明书店从老板到编辑大多是商务的旧部）的，大抵与写书出书有关。

1926年8月30日晚在消闲别墅公宴鲁迅兼为朱自清饯行，也堪称不可多得的盛事。朱自清是北归清华，鲁迅则是南下转赴厦门大学任教，顾颉刚、潘介泉也同时受聘厦门大学；从席面上看，鲁迅和顾颉刚不是朋友也是朋友的朋友，彼此多有交集，孰料在厦门大学以及后来的中山大学，惹出震动学界的龃龉。席上的雪村，即章锡琛，则本月刚刚从商务脱离出来，创办了开明书店。

另一个从事创作与出版工作（主持创造社出版部）且与上述诸公有诸多交集的著名人物郁达夫，1927年在上海，也颇上了几次川菜馆，附记于此：

> 1927年4月28日：和周文达出来，上孟渊旅馆去找小牧、里村，上美丽川菜馆去吃晚饭，吃到十点才送他们上船回日本去。
>
> 1927年7月5日：和独清出来，在美丽川菜馆吃饭。
>
> 1927年7月23日：上美丽菜馆请他们（佐滕夫妇）吃晚饭。[9]

纵观20世纪20年代那几年，对王伯祥来说，既是赴沪工作后事业上的开创和发展期，也是商务印书馆大发展的时期，同时也是中国民族资本黄金十年（1927—1937）的发展期，饮食和文艺也与这大时代和小气候同频共振。从席上人物及其活动也可以看出，这一段确实是书事与食事共同的美好时光，当然也是川菜馆的美好时光，只是王伯祥笔下，陶乐春独领了风骚，实属个人偏好。

战前时光：文艺共川菜齐欢

进入20世纪30年代，在抗战军兴前这七八年，王伯祥与文学研究会和商务印书馆及其他文学出版界的朋友们，则开始“转战”都益处等新的川菜馆，陶乐春席次渐退。1931年录得六次，其中都益处三次，陶乐春仍有两次，聚丰园一次，尤其是说聚丰园“菜肴亦远较粤菜为佳”，则是很高的评价了。六次之中，四次有郑振铎，三次有叶圣陶，基本上以同学、同事为主体：

1931年3月24日：晚六时，与振铎同赴爱多亚路都益处公宴陈达夫。达夫在粤久，今将赴法，送眷回诸暨，道出此，故偕予同、振铎、博文、功甫、觉敷集饮一谈以为乐。

1931年5月17日：是晚本有望道都益处之约，以昨晚失眠及畏雨故，遂未赴，托振铎知会焉。

1931年7月10日：午后散归，正欲续编《讲义》而圣陶至，因与共过剑华，略谈后即同赴昌群陶乐春约。到客为振铎、予同、福崇、径三、圣陶、调孚、野鹤、堉轩及予，连主十人。

1931年9月4日：傍晚赴丏尊、雪村之约，到陶乐春晚饭。客为振铎，陪宾则予同、光焘、雁冰、圣陶、均正、愈之、云彬及予也。

1931年9月15日：赴道始都益处之约。至则晴帆夫妇、仰钊及朱君已俱在。

1931年12月26日：散馆后圣陶来，谈至六时，同赴广西路聚丰园川菜馆聚餐。到丏尊、雪村、六逸、东华、予同、愈之、克标、淦卿、调孚、光焘、青崖、仲云及予等二人凡十四人。狼吞虎咽，客气全消，极有味，且菜肴亦远较粤菜为佳也。[10]

20世纪30年代的开头两年，似乎是流年顺景，但是随着1932年初的“一·二八”事变，中日战争气氛初临沪上，仿佛时代主旋律上不祥的休止符。时代的一粒灰，落在个人头上就是一座山。王伯祥虽然没有这么惨，但也一度心惊——随着商务印书馆毁于战火，他被迫失业，过了一阵才又随老同学叶圣陶转入开明书店。动荡之中，王伯祥1932年日记中只录得一次川菜馆记录，却是一次大“行动”——他和苏州的老同学、商务的老同事们，11月5日在古益轩来了一次四十人的大型家庭聚会：“午后三时，圣陶归，约同赴会，予乃偕珏人挈濬、润、滋三儿从之，共乘以赴静安寺路大同照相馆。集丏尊夫妇，叔琴夫妇及两女，雪村夫妇及三子一女，云彬夫妇及一子一女，索非夫妇及一妹一子，祖璋夫妇及一子，冰然夫妇及二子，伯恳夫妇及一女，圣陶夫妇及一子一女，凡三十九人合摄一影。既而复过古益轩聚餐，列四圆席。半醉，至善来，合四十人矣。尽欢共归。”真是难得！

当然，王伯祥1932年川菜馆记录较少，也可能与他转入开明，开明老板章锡琛克己奉公，店内食堂办得好有关吧：“当时职员是供伙制，七人一桌，四荤两素一汤，碗又大又深，盛得满满，厨司是绍兴来的先生同乡，手艺很高，初一十五加白鸡、白鸭、一壶酒；过年过节整桌席，天天像上馆子。可是厨司不管先生家伙食，以避嫌，由章师母自己管伙食，有时我去看他们吃饭，小菜又少又差，先生一碟花生下酒，和我们的伙食距离太远了……”[11]古益轩在1933年后成了他们川菜馆饮宴的主场，毕竟工作和生活重新稳定下来了。

另一位沪上著名“书人”陈乃乾，留下了从1922年到1966年跨度长达44年的日记，内中读书、贩书、编书、著书、印书，相关史料相当丰富，也弥足珍贵。1932年“一·二八”事变也同样是他的一个坎，但更麻烦的是，从此到1937年“八一三”事变，他在相当长一段时间都处于没有固定工作的状态，1938年后，平日帮衬他的故人多有逃离上海，他生计更形困窘，[12]所以他的饮宴记录特别是上川菜馆的记录，就只有在1931年任南洋中学图书馆主任期间留下了两三次，以及1938年留下了一两次，很值得录存：

1931年1月4日：星薇招饮于都益处。

1931年4月20日：縠孙约余及白坚甫、秦康甫同餐于陶乐春，征花甚多。

1931年10月10日：晚与坚甫、素贞餐于古益轩，招虫二阁。

1938年3月3日：与刚主、石子、丏尊、伯祥、雪村、振铎晚饭于陶乐春。

1938年10月2日：午后偕公度啜茗于洁而精。

1938年10月7日：云阶来，国学会聚餐于聚丰园。[13]

陈乃乾1938年3月3日陶乐春之宴，不如王伯祥所记之详："四时，乃乾来。五时许，雪村、丏尊及予偕乃乾同过刚主于八仙桥青年会，石子、振铎及和尚范成已先在。少谈后范成辞去，予等乃同出，先过大世界东首言茂源，以坐满不容，即由雪村购酒三瓶，二元一角。携往陶乐春三楼共酌之。菜饭不甚好，然谈甚畅。账款五元余，由振铎付。"

此言一详，则我们可知，陈乃乾仅有的这三五次川菜馆饮宴，俱属"蹭饭"，"书"为不易。再回到王伯祥，回到他们1933年饮宴的主战场古益轩：

> 1933年4月22日：今日晚间丏尊在古益轩请客，百俞为子其士结婚于致美楼请客。
>
> 1933年8月28日：偕云彬赴三马路古益轩聚餐之约。计到丏尊、雪村、圣陶、调孚、仲华、愈之、云彬、予同、径三、煦先及予十二人。
>
> 1933年9月29日：散班后与息予同往发行所，会立斋，偕到古益轩，盖立斋请客也。到客十人，计春帆、愈之、丏尊、圣陶、雪村、雪山、子良、幼雄、息予及我。[14]

郑振铎也率众来过一场："（1933年4月1日）夜，在古益轩与友人聚餐，到者有叶圣陶、胡愈之、夏丏尊、章雪村、徐调孚、宋云彬、周建人、刘薰宇、刘叔琴、黎烈文、赵景源等。"[15]

古益轩之外，聚丰园也不逊色：

1933年3月12日：饭后往访乃乾，谈至傍晚，乃走赴聚丰园。至则东华、雁冰、仲云已在，云彬旋来，愈之、仲华、良辅、圣陶、调孚陆续到，六逸亦到，雪村、丏尊最后至。

1933年11月18日：四时半与云彬同出……天短即晚，乃偕赴聚丰园煦先之约。至则煦先、梦痕、雪村已在，其后仲盐、调孚、圣陶、薰宇、丏尊来，即坐。既而愈之及为群先后至。

1933年11月25日：五时出，先过道始事务所，晴帆先在，谈悉镇江事已脱去矣。未几丕成至，谈书籍甚久。旋与同过蟫隐庐、中国书店及来青阁，俱无所得。乃别丕成、晴帆，而与道始同赴聚丰园中学生社之宴。到客綦众，挤满三席，予与道始、六逸、调孚、幼雄、纪元、颂华、均正、索非、仲华、息予、觉农同坐。[16]

接下来1934年，王伯祥的川菜馆记录便转以老牌的陶乐春和新开的聚丰园为主，全年八次之中各占三次，美丽川和古益轩分享余下的两席：

1934年1月10日：夜六时，赴坚吾约，与啸水、梦岩同往爱多亚路都益处旧址陶乐春小酌。

1934年2月10日：散班后与圣陶、息予出，就雪村于惠中旅舍二三三号，未几，丏尊、调孚、雪山、愈之俱至，因共往美丽川菜馆小饮。

1934年3月3日：散班后往晤坚吾，偕赴陶乐春晚餐，到叔阳、啸水、云翼、慧中、耐吾等十二人，盖坚吾三十生日是也；予初未之知，食半乃觉。

1934年3月12日：散班后与调孚同赴聚丰园圣陶之约，盖王剑三赴欧过此，因邀叙也。到雁冰、东华、河清、宗岱、丏尊、墨林、愈之诸人。

1934年4月2日：夜被邀作陪，与丏尊、雪村、圣陶、调孚、息予、彬然、祖璋、煦先同宴淦卿于聚丰园。

1934年5月19日：夜六时半，与丏尊、圣陶同赴陶乐春薰宇之约。同坐有王兆荣（川大校长）、颂久、煦先、愈之、雪村、六逸等。

1934年7月4日：今晚公司请予同等，在聚丰园设两席。除同人丏尊、雪村、仲华、调孚、雪山、圣陶、息予、洗人外，到予同、允臧、仲云、愈之、东华、觉敷、煦先、心如、伯韩、许杰、雁冰等十（一）人。

1934年10月20日：夜赴丕成、道始之招，过饮于古益轩，席间只有霆锐及予四人耳。[17]

其实这美丽川菜馆是一家比较老牌的川菜馆，王伯祥的同学好友早就去过，如朱自清1925年8月22日前往清华任大学部国文教授，初抵上海，访叶圣陶，即“偕叶圣陶、方光焘共饮于美丽川菜馆”[18]。当然接下来王伯祥也多有去，1935年全年的十二次川菜馆记录中，美丽川就占了五次，与聚丰园的六次差不多旗鼓相当，另一次则给了新开的锦江小餐社：

1935年4月4日：芝九下午来访，予与圣陶、晓先、立斋、良材宴其伉俪于聚丰园。

1935年4月6日：散馆后，予与雪村同过申报馆访立斋，拉至美丽川菜馆小酌，并约颂华参加，邀晓先夫妇同餐。

1935年5月9日：散馆后予往访坚吾，因同过大世界附近锦江山（小）餐社共饮。

1935年5月22日：五时半返店，偕冀野、晓先、雪英同过聚丰园，盖勖成自蜀来，晓先、良材、世璟公宴之，邀予及冀野作陪也。

1935年5月30日：午间与晓先、调孚到三马路美丽川吃饭，盖晓先有话与愈之谈洽，特电约在彼聚首也。

1935年6月4日：午间请勖成、楚材在三马路美丽川吃饭，拉雪村、晓先、良材作陪。

1935年6月8日：心南有事过沪，公司今午宴之于聚丰园，雪村、丏尊、圣陶、晓选、调孚、均正及予往主之，并邀颂久、寿白、君立同与焉。

1935年6月26日：散班后赴总店，约同雪村、雪山、洗人、晓先前往聚丰园，盖今晚公司宴谢道始，遂及周邦俊等也。

1935年8月7日：夜六时，在小花园聚丰园请伯英、予同、振铎等。

1935年8月16日：午到美丽川吃饭，与晓先、洗人、雪山、元俊、关通共陪守己谈。

1935年10月21日：偕琛、珊、洗、晓同饭于美丽川。

1935年10月26日：夜出饮聚丰园，盖店方请戴应观及史佐才，由汪孟邹及丏、琛、珊、晓、索与予作陪也。[19]

喜新而厌旧，差不多是人之常情，虽然从道德上会否定，但从社会心理上却无法否认；民以食为天，饮食也如此。这锦江小餐社值得多说几句，因为它可是至今仍然大名鼎鼎的锦江饭店的前身，虽然1935年3月15日正式开业时，不过是“楼下店堂摆四张小桌卖客饭，二、三楼大小各一间，大小桌座仅四五座”的家庭式小饭馆，可主人董竹君毕竟是前同盟会元老、四川副都督夏之时的继室，留学过日本，见过世面，吃过珍馐，而且此时应该早已加入中国共产党，背景资源深厚，所以餐馆虽小，名气却大，宜其早早慕名往顾。[20]

1936年录得四次，却全“献给”了聚丰园，其中一次是商务印书馆公款请客，一次是王伯祥“大出血”请了两桌19人：

> 1936年2月6日：六时，同往聚丰园晚酌，到颉刚、予同、振铎、从文、健吾、巴金、鲁彦及丏尊、雪村、洗人、索非、晓先并予与调孚十四人。并晤梦周、鸣时、道始。
>
> 1936年6月8日：同光自杭来，夜与共饮聚丰园，盖店中本宴请周淦卿，故顺便一起叙晤也，到振铎、予同、煦先、叔舍、晓先、雪村、丏尊及淦友孙君，甚快。
>
> 1936年7月12日：知佩弦已来，约往南京饭店一行。六时乘车往……少坐，同过小花园聚丰园。
>
> 1936年8月21日：夜与圣陶、云彬、调孚同出，先过福店，

继赴聚丰园之会。是夕聚餐凡两席，惟耿济之、陈望道、胡愈之、金仲华、林本侨为客，余作公东，到振铎、东华、心如、煦先、宗融、六逸、雁冰、丏尊、雪村、圣陶、调孚、祖璋、云彬及予，都十九人。[21]

1937年，是全面抗战的起始之年，抗战一起，影响人们日常生活至深，包括餐馆饮宴，所以，王伯祥是年的川菜馆记录，便只在“七七事变”之前有记：

1937年1月4日：散馆后，与洗人、云彬同赴聚丰园，盖今日提前举行第二期消寒会，由予当值也。到道始夫妇、世璟、文叔、晴帆、丏尊及子敦代表俞君，饮甚畅。

1937年1月8日：聚丰园消寒会，朱文叔补行也。

1937年2月1日：夜赴小花园聚丰园，洗人请子良、少楼、雪村、雪山兄弟、薰宇、叔琴、徐君及予参焉。

1937年3月12日：夜六时出席聚丰园雪村邀集之消寒会。

1937年4月2日：夜，公司宴请周湰卿于聚丰园，丏尊、雪村、振铎、挺生、愈之、煦先、大雨及予与焉。

1937年4月7日：散馆后往聚丰园，举行生日会。是日为红蕉生日，到丏、琛、珊、子、挺、道、铭及予，惟洗人、圣陶缺席耳。

1937年7月1日：未几，子如来，雪山亦来，乃同赴华格臬路蜀蓉川菜馆参加守宪生日会。[22]

有意思的是，王伯祥在他的日记中第一次提到了消寒会，1937年前四次川菜馆记录，有三次都是因为消寒会。如果我们考察过谭延闿、郑孝胥特别是刘承幹的日记，则可知消寒会以及诗社聚餐等各种雅集活动，对上海各帮菜馆的兴起特别是这些餐馆的风格特征，有着不可估量的影响，像川菜馆早期的求雅偏贵，皆缘于此。但需要指出的是，聚丰园是前述数位大佬消寒雅集的传统阵地，王伯祥他们可谓承续风雅。凡此，也可视为海派文化形成发展的重要原因和重要特征。从叶圣陶日记可知他们战后归来，仍坚持消寒风雅之会，聊引其所记最后一次以资补证："（1947年3月20日）傍晚于店内作消寒会，予同作东。至此，九九已终，消寒会结束矣。"[23]

战后岁月：为欢不易，醉酒当歌也难

抗战之后，虽然上海菜馆业不久即告恢复，且曾一度呈现出畸形繁荣的局面，但由于战争导致的整体经济下滑以及市场的分割，出版业大受影响，或许因此之故，整个抗战期间，王伯祥和他的同事友朋均少上酒菜馆，当然也少上川菜馆。整个1938年只录得四次，其中9月5日那次，高朋满座，凡三十三人，但不少人是冲着范洗人的旧藏好酒去的，毕竟时局气氛太压抑了，"数年无此乐，乃于洗人之归得之"，所以醉者不少：

1938年2月24日：午饭于陶乐春，与琛、索、调、均、扬、幼雄偕，摊费三角四分。夜六时到聚丰园为絜如庆生日。丏尊、雪村、雪山、叔琴、守宪、廉逊皆至，惟道始、晴帆未来。

1938年9月5日：晚六时，在广西路聚丰园会饮，为洗人洗尘。洗人有旧藏陈酿开取共享，故被约者多到，计有谭廉逊、金子敦、范洗人、章雪村、刘叔琴、严良才、沈世璟、方曙先、唐坚吾、刘季康、孙道始、邱晴帆、吴朗西、朱文叔，江红蕉、陆高谊、骆绍先、朱慰元、赵厚斋、林钧甫、薛庆三、孙君毅、黄涵秋、裘梦痕、章克标、林本侨、郑振铎、傅东华、王剑三、陈望道、陈俊生、周予同及予凡三十三人。分列三席，予与洗人、文叔、红蕉、良才、慰元、廉逊、俊生、绍先、振铎、庆三同坐。尽饮极酣，五十斤大坛终席罄之矣。晴帆当场醉，洗人亦由庆三同车扶之归。想醉者当不止此也。予尚可支持，十时许返家，十一时许乃睡。数年无此乐，乃于洗人之归得之，是不可以不记。

1938年10月17日：世界书局陆高谊请徐启堂，约雪村、洗人、索非及予往陪，订六时在华格臬路成都饭店小酌。届时同往，除宾主外，尚有季康及世界书局同事刘廷枚与黄君。[24]

范洗人的豪爽慷慨，既反映了开明书店同人的好酒，也反映了开明书店的开明作风——范氏早在开明创办的第三年即出任协理，辅佐创办人章锡琛。抗战胜利后，从大后方历尽劫波归来，已经升任总经理的范洗人，又于1946年8月14日以私藏佳酿犒劳同仁："入暮，洗翁以佳酿一坛开酒会，凡两席，多店中同事，外客仅达君夫人、仲华、振铎、华问渠父子及施锦芳小姐而已。酒甚醇，饮之尽。”不久之后，8月24日晚，老板章锡琛也亲自奉酒为贺于三山会馆：“酒为雪村所藏十年陈，预约俟我辈东归方开坛。今日又为雪村生日，诸酒友借此为之称觞。酒味确醇美。”[25]如此酒礼相待，宜开明长居全国六大书店之一。

1938年10月17日去的那家成都川菜馆，据董竹君说，乃是她的锦江小餐带起来的。上海法租界大世界附近的华格臬路，本来位置较偏，已经有了一家“西蜀”川菜馆，但锦江小餐火爆之后，成行成市，成都川菜馆、重庆楼川菜馆、蜀渝川菜馆、川味川菜馆、长江川菜馆、陶乐春川菜馆，以及其他各帮菜馆，先后开出十一家来。[26]笔者对此半信半疑，因为她说“陶乐春”川菜馆也是锦江小餐带起来的，则显属忘乎所以了——陶乐春可是最老牌的川菜馆之一。

这成都小馆，后来郑振铎与另外一位书画鉴藏大师张珩也去过：“（1941年5月13日）夜蔡君宴于成都，同席者博山、森玉、西谛诸君。”[27]张珩可是个大吃货，尤好川菜。毕竟是亿万富豪三代出身，尽管因为长期嗜赌，到解放前夕，亿万家财已输成家徒四壁，解放后到北京文物局工作，条件稍有改善，仍力求口腹之欲。据张珩的长女张贻文回忆说，在困难时期之前，他几乎每天中饭都到王府井大街上的西餐馆“蟾宫”、王府井东安市场里的“吉士林”或靠近沙滩的“欧美同学会”去吃西餐。“父亲那二百七十五元的工资，虽远高于普通老百姓，但听母亲说，也只够他自己吃饭、抽烟而已。”西餐是上海公子哥们的标配，中餐呢，张贻文也说到了，三年困难时期在外面吃饭很难了，他还经常去一家设在西单的一个大四合院里，几进几出的红墙灰瓦，古色古香的饭馆吃四川菜，“父亲最喜欢那里的冬菜炒肉末，非常入味，用来拌饭能吃好几碗”。[28]

后人的回忆如惊鸿照影，只能一瞥。而他的日记目前能看到的，只有1938年到1941年短短的一段，主要集中在1938—1939年。因此，他短短一段时间内的川菜馆记录，就更值得关注了，故附记于此——以其身名，亦足为民国上海川菜馆“贴金”：

1938年2月23日：沈宗濂为林四洗尘，因共饮于聚丰园，有谭敬、蔡流、刘世芳等。

1938年3月10日：晚与泽丞合宴殷秀峰于蜀腴，到王伯元、刘品三、虞仲言诸人，畅饮甚欢。

1938年4月2日：夜赴黄金荣宴，有金庭荪……等，谈大世界事也。

1938年6月28日：甘伯夜宴蜀腴川菜馆，偕湄赴之。

1938年10月13日：与恭父、伯韬、育津夜饭于聚丰园。

1939年1月12日：偕伯韬、育津、毂孙同饭于聚丰园。

1939年1月18日：赴葆华宴于聚丰园，有泽丞、礼堂、友庆、伯元等。

1939年1月19日：应泽丞宴于聚丰园，即昨晚同座诸君。

1939年1月20日：启瓮酒为陈济川、张树森饯行，兼约葆华、友庆、长卿、伯元、泽丞等，并及账房诸人，饭于蜀腴。

1939年4月3日：夜，芹伯父宴边光华于蜀腴，盖近自天津来者。

1939年5月19日：赴薛育津宴于聚丰园，座有秀峰等。

1939年5月22日：吴百熙生日，宴于蜀腴。赴之。

1940年10月11日：夜饭蜀腴。

1941年7月17日：夜，公宴毂孙于蜀腴。[29]

再下来，时局日艰，抗战胜利前六年之间，总共才录得王伯祥四次川菜馆记录，第一次上聚丰园，性价比之低让他们觉得难以承受："（1940年4月18日）雪村、洗人夜宴胡楚樵于聚丰园。徐柏堂、启堂、鉴堂三兄弟、王文彬、傅耕莘、章守宪、索非及予作陪。肴甚寡薄而席价乃至三十元，酒饭、小账并计，竟逾半百，吁，可畏已！"另三次包括两次聚丰园，外加一次廉价的川菜小馆洁而精，聊胜于无吧：

1940年6月17日：午与洗人应雪村之约，作会亲宴陪客，径赴聚丰园，饮甚畅，返馆已二时矣。

1940年11月22日：夜应予同约，与洗人、雪村、丏尊、调孚、索非、均正共赴聚丰园饮。雪村女士文从，予同又约振铎、曙先，凡十一人。

1943年2月14日：近午绍虞来，乃约雪村同行，携酒赴洁而精之会，晤森玉、剑三、以中、调孚、乃乾、予同等。[30]

抗战胜利后，新知旧雨，一时来归，然而，时局转瞬江河日下，王伯祥他们的川菜馆岁月也不过黄昏夕阳，虽有好景，毕竟不长，只1946年上半年和1947年前四个月各录得四次，然后即告消歇：

1946年1月22日：午仲康、廷枚为村、索饯行，邀洗人、达君及余作陪，因往广西路聚丰园吃酒。

1946年1月30日：洗人邀余及予同、达君、调孚、子如、达轩共觞之于聚丰园。

1946年5月9日：方光焘、李季谷、谢似颜父子、林本侨、孙源先后来馆，长谈至午，洗人、圣陶、达君及余觞之于聚丰园，下午二时许始返馆。

1946年6月5日：散馆后与洗人、予同、圣陶、士敏、陶孙、均正、达君、世泽、彬然过聚丰园。

1947年1月17日：午与洗人、圣陶、彬然、雪村宴此公、章达于聚丰园，并邀仲华作陪。（此公姓陈，广西人，章达姓李，广东老军人，皆洗、彬之旧友。）

1947年2月27日：午应来薰阁陈济川、张师尧之约，与洗人、雪村共赴蜀腴川菜馆，到徐森玉、郑西谛、魏建功、姚从吾、胡厚宣、郭农山、沈仲璋。

1947年3月27日：午刻与洗人、雪村、予同赴蜀腴金、谢之约，到张乾若、徐森玉、陈济川、张君（招商局）及丁贵堂诸客。

1947年4月9日：午公司宴请张屏翰、武兰谷、张雄飞、周家凤、陈邦桢于聚丰园，洗人、雪村、雪山、敏逊、芷芬及余咸参焉。[31]

叶圣陶战后归来，上川菜馆也主要去聚丰园：

1946年4月26日：午刻，同人至聚丰园，为芷芬、瑞卿作饯。前已屡为二君作饯，因船少难成行，迄今犹未动身。

1946年9月13日：午刻，共饮于聚丰园，为山公洗尘，并款待晓先夫妇。

1947年1月17日：午刻，同人宴陈此生及李君于聚丰园。陈君曾于三十一年在桂林相见。李君系初见，为军人中之老辈，追随中山先生，今则赋闲，与陈此生同为民主人士，今自香港来沪，盖为参加民主同盟之大会也。[32]

而新出现在王伯祥日记中的这家蜀腴川菜馆，也新出现在郑振铎日记中，1947年间去得比王伯祥还多，全年七次川菜馆记录，除了一次不记名的川菜馆小馆，其余六次全是蜀腴：

1947年2月26日：辛树炽等来观书，空耗了一个上午。同至蜀腴午餐，吃了些酒。

1947年2月27日：偕森老至蜀腴，赴济川约也，酒喝得不少。

1947年7月5日：七时许出，至来薰阁，济川约，偕建功至四川小馆晚餐。

1947年9月2日：七时，至蜀腴，晤巴、靳、乾、笛、风、亦代诸人。

1947年9月7日：至蜀腴午餐，应孙某约也。

1947年10月8日：七时许，至蜀腴晚餐，葱玉请斐云也。

1947年10月16日：十一时半，至蜀腴午餐，约宝礼、哲民、健吾、唐弢谈《文艺复兴》事。[33]

又在台历背面记了一些1947年的饮宴情形，去的川菜馆也几乎都是蜀腴；1948年录得一次，也是蜀腴，一并附记于后：

1947年4月9日：正午十二时，蜀腴（翦、邓）。

1947年6月2日：下午七时，蜀腴（家璧约）。

1947年6月17日：正午十二时，蜀腴。

1947年9月2日：下午七时，蜀腴（家璧）。

1947年9月7日：正午，蜀腴。

1947年10月28日：正午十二时，叔平约锦江（华龙路）。

1948年1月14日：六时许，至蜀腴，应风子约也。在座有靳以、嗣群、魏、陈、王、亦代、家璧及二美国人。[34]

上引日记中“（1947年10月28日）正午十二时，叔平约锦江（华龙路）”，陈福康在《郑振铎年谱》中，根据征引的《叶圣陶日记》，改成了1948年，日期不变，与席人物介绍得更详细：“下午六时半，应黄裳之邀，餐于锦江。同座为巴金、振铎、唐弢、靳以诸君。”查2018年商务印书馆新出《叶圣陶日记》，然也。其实不应该省略日记的后半段："餐馆均拉上铁栅门，侍者守之，云是定座者始放入。锦江侍者言其馆今日清晨自吴淞购得一猪，入市区后，沿路贿赂警察，凡费四十元，始得保有此猪。饮啖甚适，菜中唯无鸡耳。"须知，随着时局日入于乱，想好好上餐馆吃一顿，实在是颇难得的事了，他们能在锦江餐馆订得座位且"饮啖甚适"，或是与董竹君同是进步人士有关。同据叶圣陶的日记，早约半年之前，他们在锦江餐馆，还可以公然吃得很好："（1948年5月17日）傍晚至锦江餐馆，应美人范君之邀。范为洛氏基金会代表，来商谈翻译名著事。到者皆熟友，参与此事之委员会者。谈至九时而散。锦江菜甚佳，惜范君未令备酒。"[35]可见时势变化之快。也是，再过半年多，1949年5月27日上海就已经解放了呢。

另一家比锦江川菜馆开业晚几年的梅龙镇酒家，也是进步人士吴湄"文君当垆"，不过吴湄却更文艺：肄业于暨南大学外文系，田汉南国社话剧演员，是与王莹、陈波儿同时期的影坛明星。在她的主导下，酒家自然文艺界进步人士云集，从叶圣陶的几则日记可见出一斑：

> 1946年2月19日：十二时，乘人力车至静安寺路梅龙镇酒家，应蓬子之招宴。到者有老舍、夏衍、振铎、家璧、朗西、以群以及女士六位。
>
> 1946年2月21日：午后三时，偕彬然至梅龙镇，贺吴祖光之婚礼。

1947年12月23日：十一时，梅林来，偕至梅龙镇，应邵力子之招宴。至者二十人，文友久不会面者咸集。半年以来，如此之会殊少，以故各感兴奋。

1948年12月6日：六时，冒雨乘车至梅龙镇，应蓬子之邀，与邵力子共餐。文友均集，共十一人。[36]

1948年后，王伯祥日记中甚少上菜馆的记录，当然也就没有录得上川菜馆的记录。这很正常，连比他地位高、比他影响大的叶圣陶也很少上馆子了，并在日记中说无论单位还是家中，日子都很难过了，怎么能再有多少上菜馆的余钱和余兴呢？其实餐馆本身也艰难到难以开张了：

1948年1月8日：通货膨胀益甚，物价跌涨益速，货物售出不得货币，将无从取回原货，因而营业不如不营业之为愈。然开明之机构已不为小，如何维持支撑，实非易事。来日大难，局面不变不成，而变亦将益趋纷乱。就一般人生活而言，今后难堪殆将十倍于抗战时期矣。

1948年10月25日：下午六时，明社开大会，今届小墨任总干事。会毕，全体进餐。厨司买菜不易得，每人只能吃一盆饭，上加白菜虾仁。迩来物荒严重，饭馆面馆或停业，或限制供应数小时。人人所谈者，皆为买不到东西。黑市当然有，但不易得其门，且其价特昂。共谓如此景象，前在沦陷时期所未有也。[37]

从文中所引诸家日记等史料看，基本上是早期上川菜馆的频次比较高，稍后渐稀，这里面固有时局所致的经济上的原因，其实也有上海各帮菜馆竞争迭代的原因，即早期主要是近水楼台的徽帮，就像山东菜之于北京一样，以及由于政治等方面的原因，京菜也可分徽菜一席；继起的才是闽帮和川帮，大约是闽、川都味尚浓腴，所以闽川常有合流之势，堪为表征的就是消闲别墅了；继闽川二帮而起的是粤菜，虽然粤菜由于粤人入沪的原因而比闽川二帮更早入沪，但早期主要是消夜先行，菜馆之起则在闽川之后，但一旦起来，则终民国之世，风头无两。所以，本文所言诸公川菜馆宴饮的频次之前高后低，与后来诸公多上粤菜馆大有关系。

注释：

1 曹聚仁《新雅·大三元》，见《上海春秋》，生活·读书·新知三联书店2007年版。

2 许道明等编：《深夜漫步：林微音集》，汉语大词典出版社1996年版。

3 《忆伯翁——追忆王伯祥先生》，《文学遗产》1990年第4期。

4 叶至善整理：《叶圣陶日记》，商务印书馆2018年版，第820页。

5 陈福康《郑振铎年谱》，三晋出版社2008年版，第99页。

6 《叶圣陶日记》，第1098页。

7 张廷银、刘应梅整理：《王伯祥日记》，中华书局2020年版，第230、313、430、443、445、449、539、573、602、739、886页。

8 马小弥《走出皇城坝——父亲马宗融生平》，《新文学史料》1992年第2期。

9 郭文友注：《富春江上神仙侣：郁达夫日记九种》，四川人民出版社1996年版，第191、273、278页。

10 《王伯祥日记》，第1230、1251、1272、1296、1301、1347页。

11 蔡辉《章锡琛和他的开明书店》，《各界》杂志2019年第8期。

12 陈伯良、虞坤林《陈乃乾年谱简编》，见虞坤林整理《陈乃乾文集》，国家图书馆出版社2009年版。

13 虞坤林整理：《陈乃乾日记》，中华书局2018年版，第30、38、50、67、80页。

14 《王伯祥日记》，第1523、1628、1678、1691页。

15 《郑振铎年谱》，第247页。

16 《王伯祥日记》，第1613、1710、1713页。

17 同上书，第1758、1769、1777、1780、1787、1803、1818、1851页。

18 姜建、吴为公著：《朱自清年谱》，第52页。

19 《王伯祥日记》，第1927、1928、1940、1944、1947、1949、1951、1958、1971、1974、1995、1997页。

20 董竹君《我的一个世纪》，生活·读书·新知三联书店1997年版，第253页。

21 《王伯祥日记》，第2049、2095、2108、2124页。

22 同上书，第2196、2197、2207、2219、2227、2229、2262页。

23 《叶圣陶日记》，第925页。

24 《王伯祥日记》，第2406、2529、2562页。

25 《叶圣陶日记》，第869、871页。

26 董竹君《我的一个世纪》，第252页。

27 张珩《张葱玉日记·诗稿》，上海书画出版社2011年版，第191页。

28 张贻文《我记忆中的父亲张葱玉》，《张葱玉日记·诗稿》代后记，上海书画出版社2011年版，第265—267页。

29 张珩《张葱玉日记·诗稿》，第16、20、27、43、52、56—58、69、80、81、158、202页。

30《王伯祥日记》，第2899、2931、3394页。

31 同上书，第3756、3758、3795、3805、3889、3906、3917、3992页。

32《叶圣陶日记》，第837、875、911页。

33 陈福康整理:《郑振铎日记全编》，山西古籍出版社2006年版，第266、289、298、299、304、305、326、329、332、333页。

34《郑振铎日记全编》，第326、329、332、333、338、340页。

35《叶圣陶日记》，第1023、1061页。

36 同上书，第817、989、1070页。

37 同上书，第993、1060页。

第十章

闽菜与川菜，鱼与熊掌：郑孝胥的上海食事

郑孝胥，字苏戡，一字太夷，因居所名曰“海藏楼”得号海藏，常以号行。福建闽侯人，生于苏州，长于福州。中国近现代著名诗人、书法家和政治家。1882年福建乡试解元，长期佐幕张之洞，备受器重。1903年被两广总督岑春萱委为洋务处督办、营务处总办，驻军龙州，筹粮饷，开银号，办教育，卓有建树，允文允武，诚人生得意之秋，于1905年辞归上海。1911年诏任湖南布政使，未到任而清已亡，遂成为海上坚定的逊清遗老。1923年经陈宝琛引荐，入故宫任懋勤殿行走，1924年再任总理内务大臣，1925年任张园行在总务处总管，1932年伪满洲国成立后，出任“国务院”总理兼“文教部”总长，走上“不归之路”，最后于1938年病死长春。

闽人闽菜，理所当然

郑孝胥在上海近二十年间，从事路矿、金融、新闻、出版等事业，担任商务印书馆董事长期间，诗酒风流，与遗老唱和，与时贤周旋，特别是组织或参与了壬午同年会、“一元会”、消寒会等雅集活动。这些对于我们了解早期闽、川菜馆在上海的发展及其与上海文化建设的关系，大有裨益，因为这是郑氏宴集最主要的两帮菜馆。之所以闽、川菜馆合论，则是因为早期上海闽菜与川菜风格特色相近，最典型的就是消闲别墅的菜品，常在闽川之间游移，以致时人莫辨，各种指南录之类的书籍便干脆标为闽川菜馆。

郑孝胥第一次在上海上餐馆，是1883年3月8日，进京赴试，途经上海："往滋卿处，同至聚丰园，邀叶小莱舅翁饮。"[1]从聚丰园的新张开业广告推测，最初可能是家京菜馆："启者：本园开设上洋四马路，精制满汉大菜、挂炉猪鸭、透味油鸡，四时佳肴，预定包办。外国大菜，一切鲜品，不另细载。谨择四月初一日开（业）。"[2]后来杭州袭名而开的聚丰园正是京菜馆兼营番菜，适成佐证：

> 刻有宁人某甲，已在大井巷地方赁得广厦一所，重加修整，曲廊回房，水木明瑟，点缀本极幽雅，甲更为钩心斗角，俾坐其间者，人人有此间乐之想。菜蔬悉仿京式，兼售番菜，牌号曰聚丰园，盖踵申江四马路之聚丰园而名之也。[3]
>
> 杭州访事人函云：去年大井巷开设聚丰园京菜馆，兼售西肴，装修甚为华美，洞房邃室，可以选妓征歌。今年三元坊又开一品香京馆，其房屋较聚丰尤宽广，生意亦颇繁盛。[4]

再后来杭州聚丰园主人因家族财产纠纷，刊登启事，把菜馆的菜系属性说得更为明白："鄙人于光绪九年由津到杭就军装局事，念二年在杭州大井巷创设聚丰园菜馆，已历二十余年……”[5]

郑孝胥在上海第一次上菜馆所去的聚丰园，虽非川菜馆，但后来聚丰园辗转成为著名的川菜馆，也成为他诗酒流连之地，诚可谓因缘际会，渊源有自。郑孝胥第一次正式上川菜馆，要到1913年了：“（1913年1月1日）积余邀饮于式式轩。”虽然郑孝胥此刻主要还是上家乡的闽菜馆，川菜只是偶尔一尝，但这则记录对于我们了解川菜馆的历史，却弥足珍贵。因为固有人言式式轩是上海最早的川菜馆：“至光绪三十三（1907）年，始有川菜馆一家，名式式轩。”[6]但苦无佐证材料，郑氏此次尝鲜式式轩，算是笔者寓目的最早的材料了。1913年8月27日，与女婿女儿“伯平、女景约至醉沤晚饭”，则是另一家著名川菜馆醉沤的最早实证材料。

川菜馆和其他菜馆之外，1913年郑孝胥录得闽菜馆记录三十八次，全给了小有天；由于次数太多，仅拣其中除家属亲戚之外颇有声名兼有意味的席次录存如下，并略加按语，使我们知道，同席是何样人物，其中可能蕴含何样意味：

1913年2月28日：夜宴古微于小有天。

1913年3月30日：李审言来，同过伯严，遂至小有天，邀拔可、仁先、贞壮共饭。

1913年4月19日：拔可邀同伯平、梦旦至小有天饭。

1913年6月7日：赴爱苍之约于小有天，晤盛杏荪。

1913年10月31日：爱苍携昆三及黄秋岳来，约同饭于小有天。[7]

小有天还跟郑孝胥有一层特别的渊源，即其店联乃郑氏所题，早已被奉为经典名联：“道道非常道，天天小有天。”[8]藉此渊源，“天天小有天”也不为过。于是，1914年便没有觅得郑孝胥的川菜馆踪影，录得二十五次闽菜馆记录，其中一家新的闽菜馆别有天出现了四次：

1914年6月29日：赴吴寄尘之约于别有天，座有江孔殷，粤人。

1914年8月29日：夜，赴拔可之约于别有天，晤朱古微、陈伯严、孟莼孙、张菊生、陈子言等。

1914年12月3日：夜，赴大生纱厂之约于别有天。

1914年12月9日：夜，应贻书之约于别有天，朱素云、梅兰芳、王凤卿皆在；又有欧阳、吴诸人，皆在春柳演剧者，乃欧阳中鹄之孙而留学于早稻田。[9]

四次都颇有可观。第一次出现了江孔殷，江氏自称其所创的太史菜粤中第一，对“食在广州”的形成和发展产生了重要影响；吴寄尘则是协助张謇办大生纱厂的要角，晚年还出巨资创办了绍宗国学藏书楼。至于江孔殷为何列席，暂不得而知，不过其父江清泉乃沪上著名茶商，有“江百万”之称，或许与大生纱厂有投资贸易往来。第二次有商务印书馆史上最有影响力的人物之一张元济出席。第三次大生纱厂请客，表示了他在沪上的实业投资活动；南通大生纱厂乃著名的状元实业家张謇创办，郑孝胥曾受邀前往考察投资，并于4月26日当选为董事，日记俱有记载。第四次出现了几个重要人物：贻书即林开謩，福建长乐人，1895年以进士二甲前茅点翰林院庶吉士，后授编修，出为河南学政，辛亥革命时以徐州兵备道辞，入民国后坚不出仕，擅诗词、书法，徐一士称其为“旧京九老”之一，长居北京；朱素云、王凤卿、梅兰芳皆京剧名角，年龄依次而降，声名依次而长，但此际鲜花尚需绿叶扶，王、梅经常搭档出场，且堪称珠联璧合；“欧阳”则为现代大戏剧家欧阳予倩。

闽人川菜，势所必然

1915年好像成了郑孝胥饮宴生涯中闽、川菜馆选择的转折点——开始薄闽而重川，全年上闽菜馆只录得七次，而川菜馆录得九次：

> 1915年1月30日：夜，至古渝轩陈仁先寿筵。
>
> 1915年1月31日：至古渝轩，公局份各一元，交王聘三。
>
> 1915年2月2日：至古渝轩，壬午同年醵饮，各出公分一元，来者为冯梦华、朱古微、王聘三、陈伯严、李鞠农，惟震在廷未到，以杨子勤为客。震在廷名钧，尝为江都令，满洲人，革命后改名唐宴，字元素，侨居上海，月入才四十元，家有兄、嫂、妻、妾、子、女及一妪，并己为八口，以教授为活。顾赓吴来。

1915年3月2日：鉴泉约至古渝轩饮，座有李季皋、于晦若。

1915年3月14日：壬午宴会于式式轩，至者古微、梦华、伯严、聘三、元素、孟符。孟符在清史馆，月得二百余元，即将入京。

1915年3月21日：夜，蒋孟苹约至古渝轩，晤朱古微、刘澄如、陶拙存、何书农、孙问卿等，又遇况夔笙、姚赋秋于别座。

1915年4月1日：壬午同年会在式式轩。

1915年9月10日：王聘三、陈伯严在古渝轩邀余往谈。

1915年10月29日：赴朱挹芬之约于古渝轩。[10]

席上人物，商、学两界为主，或亦学亦商之属，非常切合此际郑孝胥的身份与生活，这也是他颇为自得之处，曾在1918年5月27日日记中引述著名状元实业家张謇的话说："次裳自通州回，述季直言：'爱苍不耐寂寞，又不会经营。子培颇耐寂寞，亦不会经营。苏堪既耐寂寞，又会经营。'"[11]爱苍即沈瑜庆，子培即沈曾植，苏堪即郑孝胥，都是隐居沪上遗老中的饱学宿儒。

从饮食史和文化史角度，更值得我们关注的，是饮宴新形式的记录，即"同年会"及"一元会"之类的雅集。

有人粗略统计说，自1915年2月2日首次壬午同年"一元会"开始，至1931年4月13日郑孝胥最后一次参加"一元会"，日记共记载"一元会"活动105次。[12]但其中有一个小疏忽，即起始时间不是1915年2月2日，而是1915年1月31日："至古渝轩，公局份各一元，交王聘三。"这种大范围、高频率的雅集活动（其他很多人如晚一辈的王伯祥、叶圣陶，也举行过类似的会饮活动），毫无疑问会大大增加餐馆的营业需求，有力促进餐饮业的发展。

揆诸情理，郑孝胥1905年退居上海，平时往来饮宴也甚多，为什么“一元会”“同年会”之类的宴集会迟至十年之后才开始呢？这与上海甚至北京、广州、香港等地的餐饮发展史有关。如果我们通观郑孝胥的日记，其饮宴记录早期是以他自筑的海藏楼和长三的书寓（上海高等妓女的寓所）为主场；早期的茶楼酒肆，也多围绕这些风月场所而展开——风月场所打茶围甚至开大厅（饮宴的不同规格形式）的饮食需求，当然没法靠自烹来解决，而是取诸周边的茶楼酒肆。再举郑孝胥的例子，他后来跟海上名伶金月梅打得火热，一度蓄为侍妾，但食宿于金的娇屋时，自烹的就只有粥、面，其他稍为讲究一点的饮食，都是取之于外。尤其是外埠的菜帮，更是以风月游乐场为初来乍到的立足之地。民国食品大王冼冠生就直言这是他和广帮同行们的经验，广帮进京开设的第一大饭庄醉琼林，就在北京的冶游中心八大胡同之一的陕西巷。在广州本地更是，著名的太史菜创始人，之所以经常外出陈塘觅食，“醉翁之意不在酒”，在乎陈塘风月也。

北京、广州如此，香港这种高度市场化的城市更是如此。从早期的湾仔春园街及其周边，到后来迁建石塘咀的塘西风月，以及九龙油麻地的“麻埭花国”，无不如此；港英政府1846年发出第一张“妓寨牌照”，著名的杏花楼酒楼正于是年建成开业——上海的杏花楼是袭自港名，北京的醉琼林也是袭自港名，后来鼎鼎大名的冠生园，同样袭自港名。[13]其实，我们上推至明初，情形更是如此。据《万历野获编》补遗卷三记载："洪武二十七年，上以海内太平，思与民偕乐，命工部建十酒楼于江东门外，有鹤鸣、醉仙、讴歌、鼓腹、来宾、重译等名。既而又增作五楼，至是皆成。诏赐文武百官钞，命宴于醉仙楼。而五楼则专以处侑酒歌妓者，盖仿宋故事，但不设官酝，以收榷课，最为清朝佳事。"这是早期酒楼妓楼官办合一的典范，晚明秦淮风月更盛，饮宴也更甚，或许是因为私营更胜官营吧。

再回过头来说郑孝胥们的雅集宴饮，早期之所以以家宴或花酒的形式进行，与上海开埠未久，酒楼尚未发达，或者不是适于雅集大有关系。且不说上海，即便北京已建都两百余年，酒楼成为饮宴的主场地，仍然是较晚的事，旧时达官贵人饮宴多以家厨为主，这就是像冼冠生这样的饮食巨头都反复强调官厨对于各地各帮菜馆影响的重要原因；也有假手酒肆的，不过早期多以上门到会的形式提供服务，即整席送上门的方式。这一节我已在《"食在广州"与外江菜馆》[14]一文中言之甚详，此处不赘。在北京，还须考虑到各地会馆的餐饮娱乐替代功能，这类材料在名人日记中非常丰富。可以推论的是，北京不少著名老字号餐馆在晚清民国以前，基本上都是小门面、小开张的，像醉琼林那样一开张就两层楼的大饭庄是不多见的，所以能成为一时之尚。

闽菜、川菜与京菜：菜系的迭代与菜馆的迭代

早期的闽川菜馆，在上海城市建设和经济市场日渐发展之际，特别是辛亥革命之后应运而兴，“伟人、政客、遗老，杂居斯土，饕餮之风，因而大盛，而旧有之酒馆，殊不足餍若辈之食欲，于是闽馆、川馆，乃应运而兴”。[15]褚俊达的《上海菜馆之今昔》说其市场占有之特色，正在于这些遗老文酒风流“集于小有天、别有天、醉沤斋、式式轩诸家”，藉是之故，“闽蜀菜馆之名，因之大噪，士夫商贾之请客者，意非此种菜馆，不足以表盛馔”。[16]也因为市场定位在这些政客遗老及其周围的绅商估客，故酒菜馆并不以规模见长，而以清雅闲适为尚，消闲别墅即其典型。既无规模经济，又无价格优势，所以后来现代化的粤菜酒楼一起来，它们便节节败退，直到新的价廉物美以辣下饭（传统高档湘、川菜馆终民国之世都是不辣的）的小型川菜馆逐鹿市场，才重又与粤菜馆相颉颃。

当然，闽菜馆也不会错过福建老乡郑孝胥的雅集，虽然全年只录得一次：“（1915年10月31日）冯梦华、唐元素、杨子勤来，同至别有天作一元会，继至者朱古微、王聘三、章一山、郑绩臣、尧臣……”但新出的一家闽菜馆广福楼，却让郑孝胥颇为受用：“（1915年10月11日）宴汤、樊、二蒋、叶、赵、王、沈于广福楼，馔甚美，似胜于小有天。”此后又连续再去：

1915年11月6日：夜，赴贻书之约于广福楼，希实六十生日。

1915年11月26日：夜，宴玉初、士元、衡甫、一山、元素、尧臣、梅庵、鉴泉于广福楼。

1915年12月4日：至广福楼，公宴爱苍明日五十八岁。[17]

这广福楼既算新开，也不算新开，因为系盘顶自亦乐天闽菜馆："鄙人前集股东在上海英租界三马路开设亦乐天闽菜馆，兹已出盘与林幼仪君接顶，改号广福楼，自阴历七月二十五日以前，所有亦乐天人欠欠人及担保代理各项均由鄙人清理，与广福楼毫不干涉，特此登报声明。"[18]广福楼没有否认这一渊源，因为它的开业广告位于同一版面，却强调源自北京，是否有据，不得而知，因为这是在没有知识产权一说的年代商家惯用的小伎俩：

本馆在北京劝业场开设有年，脍炙人口，兹承各界敦促，复在上海英租界三马路，即浙江路二百五十四号门牌，另组新馆，以餍众望。地居大舞台、天外天之间，房屋宽广，空气清畅，设座雅洁，装璜富丽，电灯电话电扇俱备，特请著名司厨烹饪，卫生盆菜，全席小酌，靡不相宜。食品务求精良，果点悉取鲜美，伺候周到，价目从廉，幸诸君不时赐顾，无任企祷。广福楼主人谨启。择吉阳历九月四日即旧历七月二十五日开张。[19]

当然，北京劝业场曾有一广福楼也是属实。贵州人乐嘉藻日记有载："（1912年12月29日）早八点钟起，开饭时赵尔嘉来坐，并约余与澍园一点钟至广福楼早饭。”[20]

1916年，郑孝胥以新开闽菜馆广福楼为始，全年上闽菜馆十八次，已经超过了1915年上闽、川菜馆次数的总和十七次；上川菜馆十二次，也超过了1915年的九次。上闽菜馆十七次，有七次去的是新开的广福楼，而且基本是庆祝生日等家宴，如1916年3月5日，“中照（郑孝胥妻子）六十生日……女客两席，侄辈一席，小儿一席，广福楼两席”。至于“一元会”等雅集，则闽、川菜馆平分秋色，各占三次：

> 1916年1月20日：李审言来。于小有天作一元会。
>
> 1916年1月28日：至古渝轩一元会，到者七人。
>
> 1916年3月11日：一元会约在都益处，到者聘三、古微、元素、子勤、一山、绩臣七人。
>
> 1916年4月2日：往小有天作一元会。
>
> 1916年5月1日：至虹桥路，遂至古渝轩一元会。
>
> 1916年5月27日：一元会在小有天。

其他形式的诗酒文会，则仍集于川菜馆古渝轩：

> 1916年3月24日：约刘幼云、章一山、唐元素、李梅庵、陈仁先至古渝轩午饭。
>
> 1916年8月26日：公宴梅庵于古渝轩。
>
> 1916年10月19日：夜，拔可、剑丞邀至古渝轩，座有梅庵、

古微、寿丞、又点、余及稚辛。[21]

1917年，郑孝胥似乎上闽、川菜馆的频率大降，全年两帮菜馆各九次，合计十八次。这是为什么呢？原来转去了京菜馆，全年共录得三十六次，几近闽、川菜馆的一倍。为什么突然转回京菜馆了呢？原来是新开了一家会宾楼："本楼开设三马路天外天隔壁，准于阴历十月二十二日开张。敝楼新开，纯系京派作法，招待人等，均由北京选聘素有名艺者各尽其善之人，然厨司一职，尤为至要，烹调得法，肴品鲜明，诸般面食，密（蜜）饯果品，美味点心，尤极精良。"[22]全年单上这家会宾楼有二十二次，均超过了前两年上闽、川菜馆的总次数——十七次、十八次。

郑孝胥1917年去别的京菜馆有十四次，其中有半数即七次去的是更新开的鸿宾楼："本楼择于三月廿九日开张，开设望平街口，楼房轩敞，地位宽宏。不惜重资聘请京津鲁豫优等名厨，专办各省喜庆寿筵。应时大菜，随意小酌，焖炉烧鸭，各色酥点，不及细载。至于所备之材料，俱系上品，有美必臻，无物不洁。所有一切席面家具，坐位椅桌，俱簇崭新鲜，如蒙各界惠顾，本号倾意欢迎。"[23]

上闽、川菜馆不多的次数之中，仍有数次"打新"之举。闽菜馆如："（1917年5月25日）赋秋邀同至福聚楼。"虽然"味殊不佳"，但福聚楼开设比鸿宾楼更晚："英界广西路民和里口福聚楼闽菜馆，店底生财，凭中见出，盘与义记为业，所有福聚楼股票作为废纸，并人欠欠人，自行理直，与义记无涉，恐未周知，登报声明。义记告白。”[24]川菜馆如：“（1917年11月8日）衡甫来约夜饮于留春幄，乃新开四川酒馆。谁为此名，怪哉！……夜，至留春幄饭，座有许鲁山父子，陈容民等。”留春幄不像福聚楼令人失望，所以不久再去：“（11月26日）夜，赴邹紫东之约于留春幄。”元旦前夜，还去了一家新的闽菜馆受有天呢：“（12月31日）送稚辛至宁沪火车，与慎侯同至受有天饭。”此外，4月15日，“贻书约至又一天饭”。[25]

这“又一天”也应当是新开的闽菜馆——小有天、新有天、别有天……从福州到北京到上海，闽菜馆的天字号从来没人掺和过，如严独鹤所说：“大概‘有天’二字，可谓闽菜馆中之特别商标。”[26]

客观上讲，这种“打新”之举，是有助于餐饮业发展的，也有助于餐馆和顾客的良性互动——必须不断有新餐馆、好餐馆开出来，才会吸引顾客走出家门，取代传统的家庭饮宴。郑孝胥到外面上餐馆饮宴的次数一年比一年多，就是很好的例证。而顾客的光临，特别是对餐馆菜品的评鉴与取舍，也会不断促进餐馆改进和提高。比如，郑孝胥虽然平日“饮馔极少，且不食鸡鸭葱蒜之属”，“而戒庖甚精”，但对饮食待客之道还是极为讲究的，在海藏楼家中，“每年樱花盛开时，排日张宴，先后旬日，曾不少辍，余屡与盛会，如在目前”；在外“亦辄与朋俦为觞宴”。[27]如此，宜其追新逐味，比较取舍，如福聚楼只去一次即舍，留春幄则可再去，会宾楼更可常去。也在意他人对席上菜肴的称美：

“（1917年5月24日）与吉甫、叔用、赋秋同饭于小有天，吉甫颇知味，以闽菜为美，皆海味也。”[28]

1917年，郑孝胥上闽、川菜馆的次数虽然不分轩轾，但川菜馆的“一元会”雅集有三次，闽菜馆则一次没有，厚川薄闽的迹象继续显现：

> 1917年3月8日：赴古渝轩一元会，至者古微、梦华、子勤、元素、梅庵等。
>
> 1917年4月24日：古渝轩作一元会，至者梦华、古微、梅庵、子勤、聘三、元素、澄之及俞志韶。
>
> 1917年12月20日：至古渝轩一元会，来者元素、澄之、一山、子勤、聘三及余六人。[29]

继续观察，趋势依然——1918年的餐馆宴饮，以京菜馆会宾楼为主，且领衔，日记所录前三次均归于会宾楼。全年共去京菜馆十七次，其中会宾楼十五次。去闽、川菜馆的次数全年才十三次，但去闽菜馆为九次，倍于川菜馆的四次，这得益于受有天本来就新，加上新闽菜馆消闲别墅开张。

由此可见郑孝胥喜新的特点。佐证此点的，还有“一元会”雅集，虽未移于最新开的消闲别墅，但几乎悉移于较新的会宾楼和受有天，除了偶尔一去的老牌的京菜馆同兴楼：

> 1918年1月20日：李审言来。金仲连来。至会宾楼作一元会，至者元素、聘三、叔用、子勤、一山。

1918年2月1日：至受有天作一元会，来者古微、聘三、元素、澄之、叔用、一山、子勤、俞志韶。

1918年2月6日：赴受有天一元会，来者八人，唯俞志韶未至。

1918年3月9日：一元会在会宾楼，至者十人，新入会者刘洙源。

1918年5月5日：至受有天一元会，到会者六人。

1918年6月23日：至会宾楼一元会。

1918年7月21日：赴会宾楼一元会。

1918年8月25日：至会宾楼一元会。

1918年11月17日：至会宾楼一元会。

1918年12月13日：至同兴楼一元会，至者王聘三、邹紫东、杨子勤、唐元素、王叔用、余尧衢、章一山、张诜侪、宋澄之。[30]

从郑孝胥的宴饮雅集，我们既观察到了诗酒文会与菜馆之兴的良性互动，也观察到诗酒文会对菜馆迭代以及菜系迭代的影响轨迹，诚堪为饮食及其文化发展的经典范例。

菜与人俱老，风流渐消歇

1919年，郑孝胥仍以会宾楼开启餐馆的饮宴岁月和“一元会”的雅集活动：

1919年1月3日：夜，与叔伊、洙源同饭于会宾楼。

1919年1月10日：至会宾楼作一元会。

但是，京菜馆毕竟在渐渐“老”去，随着新的川菜馆开出来，其夺京菜馆之席，进而夺闽菜馆之席，乃是大势所趋。所以，过了几天，郑孝胥就开始“打新”兴华川了：

1919年1月14日：至泰安栈访善汝明，约明日晚饭。遂至兴华川定酒席。

1919年1月15日：善汝明、沈子培、章一山、王叔用、姚赋秋、希次籛、唐元素来，共晚饭，谈至十一点乃散。[31]

看来第一次吃兴华川，还是吃得挺高兴的。新开的兴华川具体何时开张，不得而知。如果我们看《申报》1919年9月15日（农历七月二十二日）第4版《滇蜀兴华川菜馆开幕广告》，会认为开业时间在1919年9月13日：“兹于本月念日开幕，务蒙军政商学各界诸君、闺阁名媛惠临，无任欢迎。特此布闻。”如果再看1919年8月25日《申报》的《滇蜀兴华川菜馆迁移广告》：“本馆自开张以来，烹饪精良，食品鲜美，久为各界诸君所推许，近因原住房屋翻造，迁移至三马路天外天丽查旧址营业，一俟装修工竣，接续开幕。房间宽畅清洁，空气新鲜，内容布置，精美无比，较之原住地点，何啻霄壤。楼上并有屋顶花园可以消遣，上下有电梯可以代步，又复精心选聘滇川名厨技师主任烹调，制有特别种种拿手好菜，各式点心；自运滇川特品，山珍异味，宣威云腿，普洱春茶，兼有国货名酒，无不应有尽有，务蒙军政商学各界诸君、闺阁名媛惠顾，无任欢迎。”则知其系迁移重开。正式建立开张的时间，估计在1918年底1919年初，因为郑氏年初即已履席，而此前未录，且相关文献也是1918年后才见其踪影，如1918年5月上海商务印书馆付印的《上海商业名录·酒馆》未录，而1920年2月付印的《上海商业名录·酒馆》中，“兴华川（四川）”就赫然在列了。

1919年，开业不到一年的消闲别墅闽菜馆，已经变为闽川菜馆了：“本馆向设三马路广西路口，专办闽川名菜，素蒙各界赞许，兹届一周（年）纪念，推广营业，大加改良，特聘闽川名厨，精制卫生烹饪，俾广招徕，而副雅意。至座位宽畅，酬应周到，早已脍炙人口，毋待赘言。各界光顾，竭诚欢迎，特此广告。”[32]

这种引“川”入“闽”，也表明了川菜的时兴以及闽菜的渐替。所以，1919年后，或许因为年龄等关系，郑孝胥外出上餐馆的频率有所降低，但去闽菜馆特别是川菜馆的比例却见增，特别是固定的雅集活动：

> 1919年3月29日：一元会在兴华川，至者邹紫东、冯梦华、王聘三、杨子勤、王叔用、余尧衢、宋澄之、唐元素、章一山。
>
> 1919年12月11日：至陶乐春，壬午同年一元会，到者古微、梦华、元素、聘三、宽仲、尧衢、紫东。唯吕幼舲未来。
>
> 1919年12月23日：邹紫东约至消闲别墅为壬午同年消寒会，

适得九人。

1919年4月13日：至都益处，王雪澄、朱古微、王聘三、张菊生、徐积余、夏剑丞、俞寿丞、李拔可、高梦旦、陈叔伊、吴宽仲皆在坐，余与稚辛为客。

1919年4月16日：唐元素约至都益处，坐有冯梦华、王聘三、杨子勤、邹紫东、章一山、宋澄之、余尧衢、王叔用等，皆为主人，意在公请，以余及吴宽仲为客。

1919年9月25日：赴吴昌硕约于古渝轩，客甚多，有姚虞琴者同作主人。[33]

进入1920年后，郑孝胥的上海岁月就快结束了。1924年2月，65岁的郑孝胥奉“旨”入京，继而天津，最后至满洲，上海成了偶尔返顾的客居之地。时序进入20世纪20年代，川菜馆进入其高光时代，不虞之誉纷至沓来，比如跟梅兰芳亲如兄弟的徒弟兼最佳配角姚玉芙，偶尔一尝陶乐春，便赞不绝口：“三马路小有天对门有川菜馆曰陶乐春，玉芙辈偶一往餐，便惊其制庖之妙，见人即津津道语云。”[34]郑孝胥的各种雅集活动也更进一步向川菜馆倾斜，特别是新开展的“消寒会”：

1920年1月1日：壬午消寒会，余尧衢为主，在都益处。

1920年3月7日：朱古微邀至都益处，补第六次消寒会。

1920年5月23日：赴都益处一元会。

1920年6月26日：吴宽仲约至兴华川一元会。

1920年11月10日：赴都益处一元会。

1921年6月13日：至都益处一元会，来者十三人。

1921年9月14日：至都益处一元会。

1921年10月8日：赴都益处一元会。

1922年1月10日：赴王雪澄约，第三次消寒会，于都益处。

1922年2月2日：赴陈少石消寒会于都益处。

1922年4月18日：赴都益处一元会，内十一人为余补作生日。

1923年2月22日：至都益处，古微、聘三合作消寒会。

1924年2月9日：于都益处作消寒会七集。

其他酒朋诗侣，集于川菜馆也屡见，略举数例如下：

1920年2月26日：至都益处，来者吴宽仲、王聘三、王叔用、余尧衢、章一山、邹紫东、陈容民、唐元素、宋澄之、杨子勤。

1920年8月16日：杨子勤邀饮于兴华川，曹、刘、蒋及章一山、朱古微、刘聚卿皆在座。

1922年2月19日：至都益处，子培不出，来者古微、聘三、子勤、尧衢、一山、雪澄、小石。

1922年3月19日：至都益处，梅笙备燕菜席，梅泉、植斋、伯平、大七、菊十、信芳，凡八人。

1922年8月25日：晚，赴周信芳之约于都益处。

1922年8月28日：晚，赴梅笙之约于消闲别墅。

1922年11月24日：拔可约至消闲别墅午饭，坐客十一人。[35]

盛极必衰，高光之后是相对的黯淡。如果郑孝胥不北上，继续留沪，到1920年代中后期，他的诗酒流连之地，恐怕会从以闽川菜馆为主逐步过渡到以粤菜馆为主。这在比他辈分稍晚的文化出版界名家王伯祥等人的日记中有清晰的呈现，也吻合沪上各帮菜馆竞争发展的历史脉络。

注释：

1 劳祖德整理：《郑孝胥日记》，中华书局1993年版，第31页。
2《新开聚丰园》，《申报》1877年4月30日第6版。
3《创开酒馆》，《申报》1896年7月14日第3版。
4《西湖渔唱》，《申报》1897年7月27日第2版。
5《杭州聚丰园王静波启事》，《申报》1918年4月24日第4版。
6 伯琦《上海菜馆》(上)，《社会日报》1942年12月22日。
7《郑孝胥日记》，第1448、1455、1459、1461、1466、1481页。
8 苏渊雷编：《历代绝妙好联》，上海辞书出版社2020年版，第206页。
9《郑孝胥日记》，第1521、1529、1541、1542页。
10 同上书，第1548、1552—1556、1577、1583页。
11 同上书，第1730页。
12 张笑川《郑孝胥在上海的遗老生活(1911—1931)——以〈郑孝胥日记〉为中心》，《中国社会历史评论》2012年第13卷。
13 参见陈青枫《香港百年风月变迁》，三联书店香港有限公司2021年版；郑宝鸿《香港知味：香港百年饮食场所》，商务印书馆香港有限公司2021年版。
14《同舟共进》2022年第8期。
15 严独鹤《沪上酒食肆之比较》，《红杂志》1922年第33期。
16《常识》1928年9月30日第1卷第92期。
17《郑孝胥日记》，第1581、1583、1584、1586、1587页。
18《亦乐天经理王训鎏启事》，《申报》1915年8月29日第4版。
19《新开广福楼闽菜馆》，《申报》1915年8月29日第4版。
20《乐嘉藻日记·元年旅行日记》，载《民国贵州文献大系》第六辑，贵州人民出版社2020年版，第326页。
21《郑孝胥日记》，第1594、1600、1602、1603、1607、1611、1624、1630页。
22《北京会宾楼菜馆》，《申报》1916年11月16日第1版。
23《新开京津鲁豫鸿宾楼菜馆》，《申报》1917年5月19日第1版。
24《受盘声明》，《申报》1917年8月18日第4版。
25《郑孝胥日记》，第1657、1664、1691、1695、1701页。
26 同本页注15。
27 赵叔雍《记郑孝胥》，《古今》半月刊1943年9月26日第31期。
28《郑孝胥日记》，第1663页。

29《郑孝胥日记》，第1650、1658、1699页。

30 同上书，第1705、1708、1709、1716、1727、1733、1737、1742、1754、1758页。

31 同上书，第1760、1762页。

32《消闲别墅和记闽川菜馆有限公司推广营业广告》，《申报》1919年8月12日第1版。

33《郑孝胥日记》，第1776、1779、1798、1806、1809页。

34 睿麟《梅讯》之二十，《申报》1920年5月4日第14版。

35《郑孝胥日记》，第1810、1816、1817、1827、1831、1838、1848、1871、1879、1882、1883、1895、1897、1900、1904、1920、1930、1939、1982页。

第十一章

刘承幹与早期上海川菜馆的诗酒风流

刘承幹，字贞一，号翰怡、求恕居士等，1881年生于浙江湖州南浔丝商巨贾之家，家饶资财，兼之生父刘锦藻进士出身，因缘际会，成为与袁世凯次子袁克文并称的近代著名藏书家与刻书家，被鲁迅誉为“傻公子”。藏书刻书之余，特别是迁居上海之后，刘承幹流连诗酒，倾心遗老，雅集频仍，且详记席上风雅，既可见当时各帮菜系特别是川菜馆的发展历程，更可见其与当日诗酒文会之关系。

从家苑、书寓到酒楼、菜馆

项文惠认为，刘承幹迁居上海，当在1909年家族分家析产之后，[1]今检其整理本《嘉业堂藏书日记抄》，刘承幹常居上海在辛亥革命之后，其首记上菜馆记录，则在1912年8月16日（刘承幹日记俱用农历，但为行文之便，本文中俱用阿拉伯数字书写）：“晚至华庆园，是日各人公燕周湘舲，为之祝嘏，每人分两元，到即入席，共九桌。”[2]这华庆园不著录于外帮菜馆名录，或系本帮菜馆。

其实刘承幹此前此后的相当长一段时间内，都甚少外出上菜馆，或饮宴于家，或设席“长三”书寓。如他们定期组织的“消寒会”诗酒雅集，1912年11月12日第一集设于康脑脱路双清别墅，11月21日第二集设于刘承幹老宅，12月13日第三集则补行于乾记弄，显系某“长三”的书寓：“余到时诸君已纷至，读画论诗，兴复不浅。是集诗题系冠南以颐园永怀图索题，颐园者在青镇东隅，为冠南尊人茗香姻丈晚年颐养之所也。六句半钟入席，余坐中席，同坐者为许子颂、吴仓硕、钱听邠、汪渊若、刘光珊、朱砚涛（锟，前戊子举人，江苏候补道）及主人张弁群。左席为长尾雨山、潘兰史、周梦坡、李梅庵、沈醉愚、王一亭、张石铭、徐冠南。右席为杨诵庄、钱履樛、陶拙存、葆廉（荫生，前弼德院参议）、陆纯伯、徐晓霞及徐氏之西席林君也。缪筱珊参议亦至。”[3]前两日，1912年12月11日他们的一次雅集，也在一条小巷的“长三”书寓中：“至迎春四秦雅云校书家，应周湘舲之招，同座者为许子颂、钱听邠履樛父子、汪渊若、刘光珊、潘兰史、沈醉愚及主人而已。”[4]可谓真诗酒，足风流。这种情形与郑孝胥相仿佛，唯郑氏不记席上风雅而已。

刘承幹首登外帮菜馆在1912年12月16日：“至杏花楼应周湘舲之招，同坐者为许子颂、刘光珊、醉愚及湘舲而已。”[5]首登川菜馆则在1913年5月11日：“午刻至望平街醉沤应缪筱珊先生之招，到时客已齐集，互相观览，盖是日为黄荛圃先生丕烈生日，故携来之书为荛圃先生题跋居多，洵巨观也。须臾入席，同坐者为叶鞠裳侍读（昌炽，长洲人，己丑翰林）、王雪橙（澄）廉访（秉恩，四川华阳人，癸酉举人，前广东臬司）、徐积父观察（乃昌，安徽南陵人，癸己举人，江苏盐巡首）、张石铭、费景韩、张菊生、沈醉愚及主人而已。”[6]

之所以先粤菜馆杏花楼后川菜馆醉沤，因此际醉沤刚刚开设不久：“本斋开设三马路口望平街中，选集川厨，略备乡味，坐次雅洁，招待周全，士女来宾，内外区别，小酌全席，因应咸宜。兹择于阴历正月元旦日先行交易，十三日开张，倘蒙惠顾，不胜欢迎，特此广告。”[7]人称醉沤斋为上海最老牌的川菜馆，开设于辛亥之后，洵不诬也。刘承幹首登醉沤斋，也是笔者寓目的最早的上海川菜馆履席记录。“人我皆醉，天地一沤。”从醉沤斋的店联看，很适合他们这些寓居上海的逊清遗老雅集。据胡适族叔胡祥翰说，联语即为海上著名遗老清道人李梅庵手笔。[8]所以，年内刘承幹又两度再去：

> 1913年10月21日：夜偕筱珊、益庵、醉愚、子青至望平街醉沤斋夜饭。
>
> 1913年12月23日：午后三句钟出门，至三马路醉沤斋应缪筱珊消寒三集之招，醉愚同往，其时吴子修、戴子开已至，坐良久，刘光珊、吕幼舲、钱听邠先后来，周梦坡亦至，遂入席，甫入座，汪渊若亦来。题为祝灶，以初白翁“此意天能谅，吾非媚灶人”分韵，以齿得字，余拈“人”字焉。[9]

1913年这三次，缪荃孙都可以说是主角；除了作为召集人这一层面外，从诗书风雅这个角度也足以担当此任。缪荃孙（1844—1919），字筱珊，晚号艺风老人，江苏江阴人。

1876年中进士，授翰林院编修，历任江阴南菁书院、南京钟山书院等山长及清史总纂，因先后负责筹建江南图书馆（今南京图书馆）并任总办、创办京师图书馆（今中国国家图书馆）并任正监督，被誉为“中国图书馆业鼻祖”。他也是著名的藏书家和目录学家，辛亥革命爆发后辞归南返，寓居上海，从事藏书整理与编刻，影响深远。需要特别指出的是，第一次筵上的王雪澄是四川名流，缪氏早年曾因太平天国起义避居成都有年，并在成都参加科考及“工作”多年，这也是他们雅集川菜馆的因缘之一吧。

诗酒雅集与川菜的兴起及其特色

刘承幹等并不满足于消寒雅集上的吟咏，进而筹组了专门的诗社雅集：

> 1913年4月8日：晚偕醉愚出至四马路一家春宴客，余去年与同人结消寒会，至今春二月而竣，尔后屡拟赓续，别定社名，或以同岑，或号淞隐，卒卒未定。昨与湘舲磋议，决定为淞社，即以徐园修禊为首集，展上巳次之，今为第三集。以自社集以来，未经西酌，特于今日假座一家春，补前此所未有。到者为吴子修、缪筱珊、钱听邠履樛乔梓、汪渊若、刘光珊、吴仓硕、许子颂、长尾雨山、章一山（名梫，台州人，甲辰翰林）、杨诵庄、

周湘舲、陆纯伯、张石铭、费景韩、屠辅清、陶拙存、潘兰史、沈醉愚共十九人，招而未到者为陆冕斋、沈絜斋、李梅庵、朱念陶、吴纲斋、褚稚昭共七（六）人。社题为浴佛日雅集以“荆楚旧俗相承，此日迎八字之佛于金城为法华会”分韵，余得“之”字。同人发起，召妓侑酒，雨山特招东洋女妓名雅志翁助六三校书来侍宴，颇极一时之欢。[10]

诗社的另一主要组织者周庆云（号湘舲）也不是等闲风雅之士，而是曾任两浙盐业银行协会会长的大盐商，曾创办工厂六处，家饶资财；后来又与夏敬观等组织以词为主的沤社和以诗为主的淞社，联翩而行，足与柳亚子等组织的南社相颉颃。有论者认为，“刘承幹与周庆云发起组织淞社，广泛结交前清遗老、文人雅士，定期雅集，饮酒赋诗，直接促成了日后的藏书事业”[11]。当然，他的藏书事业早已开始，不能说“促成”，但促进作用颇大是肯定的。

1913年开了个好头，刘承幹1914年上川菜馆的次数就更多了，全年达到五次：

1914年2月5日：傍晚出至三马路醉沤斋应张石铭之招，同坐者为钱听邠、刘语石、吴子茹、陶拙存、章一山、费景韩及主人而已。

1914年7月28日：晚出至三马路醉沤斋应钱听邠之招，同坐者为缪筱珊、许子颂、陶拙存、杨诵庄、喻志韶、周梦坡及主人与其子履樛而已。

1914年8月28日：傍晚梁节庵、程平园、吴蔚若、缪筱珊、唐元素、杨芷姓、喻志韶先后至，吴子修以病不来，遂坐席，菜系醉沤斋所叫，计值二十四元。

1914年11月18日：傍晚以杨芷姓招饮于望平街醉沤斋，同益庵、醉愚偕往，至则客已齐，遂入席，同坐者来铭甫、陈根汝（光淞，萧山人，江苏候补道员）、陈子言（诗，安徽人）、施再春（凤翔，萧山人，近年来上海之新富也）、益庵、醉愚及主人，酒半，陈仁先（湖北蕲水人）至。

1914年12月24日：是晚消寒第六集由刘语石、杨芷姓、陶存拙、章一山、沈醉愚主席，题为醉沤斋坐雪即事，限雪字韵，余以身子欠适未赴。[12]

这里值得关注的是，1914年8月28日晚他们那一席提到了具体的价钱——七个人吃了二十四元，平均每人近四元。十几年后，1927年1月2日北京谭家菜主人谭瑑青在给陈垣的信中，谈到北京学人在他那儿定期雅集的“鱼翅会”，那么高档的宴席也才每人四元：“定每月中旬第一次星期三举行。会费每次四元，不到亦要交款（派代表者听）。以齿序轮流值会（所有通知及收款，均由值会办理）。”[13]如此昂贵，宜其难继，是以刘承幹1915年的川馆宴饮生涯，乃以一家“新”的川菜馆式式轩开启：“（1915年8月5日）傍晚出至四马路式式轩应淞社之招，主席者为缪筱珊、吴仓硕、恽季申、瑾叔、胡幼嘉五人，到者为洪鹭汀、刘语石、刘聚卿、章一山、杨芷姓、陶拙存、潘兰史、周梦坡、朱念陶、钱履樛、白也诗、沈醉愚、褚礼堂、孙益庵、曹恂卿、余及主人而已。题为乙卯八月上丁释奠礼成恭纪，不拘体韵。”[14]

之所以说式式轩新而带引号，是因为它应该比醉沤斋更早开张；我们已经明确知道醉沤1913年初才开张，而式式轩1914年10月迁移再新张的时候，已经号称开设有年了：

> 本馆开设四马路石路兆贵里口已历数年，颇承各界诸君称许，毋庸赘述，惟房屋湫隘，常有后至者徒劳跋涉，本馆主人抱歉实深。兹不惜重资，在就近北首兆富里口建造新式楼房，现已工竣，定于阴历九月初十日开张，屋宇较前整洁，大厅又属宏敞，特备各界公会以及喜酒寿筵之用，堂倌伺应周到，菜蔬力求精良，遇事细心研究，无不精益求精。凡到馆宴会小酌者，亟应特别优待，以酬惠顾诸君之雅意。自九月初十开张之日，起至十月初九日止，一月之内，概行九折收现，所有送出全席零菜和菜点心等件，仍照旧章不折不扣，赐顾者务祈责临是幸。[15]

刘承幹以式式轩为年度宴饮开场菜馆，确与严独鹤所说的醉沤斋因价格奇昂或已闭歇有关：“沪上川馆之开路先锋为醉沤，菜甚美而价奇昂。在民国元二年间，宴客者非在醉沤不足称阔人。然醉沤卒以菜价过昂之故，不能吸收普通吃客，因而营业不振，遂以闭歇。”[16]不过有人说，无论醉沤斋还是式式轩，其实均源于一人，即经常参与郑孝胥与刘承幹等沪上名流雅集的王秉恩：

川馆之兴，在民国元年，最先有式式轩、醉沤居（斋），而庖丁则均华阳王雪老所造就。天下庖丁治馔，非得主人之指导，决不为功。雪老素尚精美，尤能己出意调味，庖丁承教，造诣自高。其名手凡三：曰王、曰向、曰廖。王厨尝开锦江春，留沪不久，即至香港。向厨历事醉沤、古漏（渝）、兴华、大雅，今始辍业。廖则由式式而都益，于今不废。就中五六年间，诸遗老带设一元会，朔望会以聚餐，清道人则为之提调。时古渝轩主者何书农亦雅士，每次开筵，必立新意，制佳肴。道人所手书之菜单凡百余叶（页），饮馔之精，于此为极焉。[17]

上述之“清道人”，即李瑞清，进士出身，曾任两江优级师范学堂（南京大学前身）监督（校长），官至江苏布政使，也是沪上著名的逊清遗老，前述醉沤斋名联即出自其手笔，非为无故。对于王秉恩的身份，刘承幹在1913年5月11日的日记中注称：“王雪澄廉访：秉恩，四川华阳人，癸酉举人，前广东臬司（提刑按察使）。”刘承幹这人，其长子刘䜣万都说他有官迷，比如自己没有做过清朝的官，却醉心于做遗老，并在通过慷慨捐赠获得早已退位的清王室有名无实的封官赐爵后忻忭不已，所以他对往来友朋的备注，无不重其功名和官阶实缺。对王秉恩也是这样，强调了他的中举和做广东臬司，而没有强调他的志愿——“吾不喜得举人，喜得知己也。”——知己者谁？主考官张之洞也！因为张说他“不仅以文章显”，[18]以后他便长期追随张之洞，两度佐幕，特别是在张之洞任两广总督时，协助创办广雅书院和广雅书局并充提调，于两粤乃至中华文化，功不在小，也奠定了他后来寓居沪上时的前辈大佬地位，如王国维说：“海上藏书推王雪澄方伯为巨擘，然方伯笃老，凡取携书籍，皆躬为之，是讵可以屡烦耶！”[19]

甚至还有人直接说醉沤斋系王秉恩开办：

广州黄花岗之役，四川党人喻培伦、秦炳、饶国梁从容就义，熊克武奋战得脱，但懋辛负伤被逮。时广东巡警道道台王雪澄，籍四川华阳，以但少年英俊，对簿公堂，慷慨陈词，毫无惧容，奇之，乃于但之供词上，亲加“自首”二字，以资开脱，并面将供词转陈粤督张鸣岐批示。张批：“但懋辛胆大，敢于自首，如无传讯之事，着即押解回籍，交地方官严加管束。”遂递解到渝。时渝已光复，即参加蜀军政府，初任以科员司招待传达之责，但亦悉心供职。杨庶堪闻但屈居下位，为之大愤，赋诗赠但，诗云：“忍死羊城世论哗，尚余血战敌人夸，一官乱后如儿戏，屈宋何妨作看衙。”指但懋辛以屈原、宋玉之才，而作此传达之职，殊为不平也。继后但即被擢升为参谋本部部长，川南蜀军总司令。

辛亥革命后，王雪澄在上海四马路开醉沤斋川菜馆，周善培（孝怀）为撰书“人我皆醉，天地一沤”一联，其名菜如红烧鱼翅、东坡肉等均脍炙人口。但于1914年赴沪，晤得王，即赠银三千元，藉资报答。[20]

因为“亲历”的关系，文颇可信，但说请周善培这个辛亥革命后以成都巡警道而成为全国地方大员中率先剪发第一人，被人骂为“周秃子”，如此“与时俱进”的形象，与逊清遗老丛集的醉沤斋的风格是违和的，似不可信。无论如何，醉沤斋、式式轩与王秉恩关系不浅，至少是可以确认的。有此风雅渊源，其宜为官学两界的宴饮佳处，并进而开启了更广泛的川菜馆雅集——1916年、1917年刘承幹即主要集于都益处：

> 1916年2月3日：至小华园都益处应让三、一山、芷姓、拙存、景韩、也诗、醉愚消寒九集之招。是日到者除主人外，则洪鹭汀、钱听邠、吴昌硕、宗子戴、刘聚卿、徐积余、恽季申、瑾叔、周梦坡、刘语石、张石铭、潘兰史、钱履樛及余共二十一人，又语石邀来一友为钱礼南（宝山人，己酉拔贡），余则未晤也。
>
> 1916年2月7日：以是晚况夔笙招饮于小华园都益处，不赴，作函谢之。
>
> 1916年11月29日：出至小华园都益处应周梦坡消寒第一集之招，同坐者为缪筱珊、朱古微、徐积余、章一山、喻志韶、刘语石、刘聚卿、陶拙存及主人而已。
>
> 1917年1月8日：晚至都益处应陶存拙、章一山之招，是为第五集，同坐者为缪小珊、徐积余、张石铭、钱履樛、刘聚卿、周湘舲。
>
> 1917年4月12日：晚宴（曹）揆一于都益处，与菊裳同往。至则拙存、夔笙、一山、揆一、益庵、醉愚、孟苹陆续至。[21]

1916年，甫从日本归来的王国维也有两次都益处的记录。王国维一生只留下了这一年年初两个月零两天的日记，因此显得格外稀贵，附记于此：

1916年2月2日（农历）：秩庭招饮于都益处酒楼。

1916年2月11日：是晚景叔招饮蕴公于都益处，九时散。[22]

都益处自诩为上海川菜馆鼻祖："本馆向在上海三马路筱花园，开设十有余年，菜点之精，素蒙绅商学各界人士推为川菜馆中之鼻祖，所以顾客盈门，嘉宾满座。今因原址房屋翻造，迁移于爱多亚路中大世界东首新建三层楼洋房，地位宽畅，空气新鲜，交通便利。至于内容之布置精良，座位宽大，更为特式。本主人向在川中，精究川菜，特聘川中烹庖老手，所以本馆之菜点俱系本主人特出心才（裁）研究，无一缺点，所以其味与沪上之川菜馆，味更鲜美，遐迩驰名。今择于本月初八日正式开幕，素蒙各界惠顾，诸君恐未周知，特登报端，今当开幕，本主人格外欢迎，万分优待，招接殷勤，以尽本主人之诚意耳。"[23]

这种自诩肯定是夸大其词，就像后来许多川菜馆、粤菜馆自诩"沪上第一"一样不可尽信。目前在民国报刊上能检索得到的关于都益处最早的材料，乃是一首署名渔侠的宴饮诗《夜饮都益处和筱墅均示席间诸友人》："琼肴玉液夜光杯，罗绮香浓醉几回。老去杜陵惟涕泪，座间王勃是天才。尽教蒲剑催愁去，剩有榆钱贯酒来。难泯沪江新旧恨，英雄有志肯全灰（谓社友钝初英士）。"[24]都益处一度还被认为是闽菜馆："北市总商会正副会长朱葆三、沈联芳，因修改关税委员会正副主任曾霁生、李石芝先后来沪组织会务，特订于今日下午七时假座英租界小花园都益处闽菜馆正厅，设筵公宴以表欢迎，并邀马懋勋、林仲立、杜梅叔、廖召闲等十余人作陪。"[25]1918年5月上海商务印书馆印行的《上海商业名录・酒馆》仅著录了古渝轩和都益处两家川菜馆，可见其颇有名于时。

不过，它与醉沤斋和式式轩所走的文人路线不同，主人廖海澄是真正的成都厨师出身，"向在川中精究川菜"并非自诩，故菜味有其过人之处，但经营未必是其所长，1928年即出盘于人："据都益处广记川菜馆号东秦广记声称：都益处川菜馆开设上海爱多亚路，前号东廖海澄无意经营，凭中情让盘与秦广记，名下计大洋二万一千五百元，自本年阴历八月十六日起归广记继续营业，所有从前都益处或廖海澄名义人欠欠人往来账目及代人作保等事，均归廖海澄君负责理结，与都益处广记无涉，合行代为登报通告。"[26]不久，廖海澄重操旧业，被大中华饭店聘为主厨："四马路跑马厅大中华饭店自建筑七层洋房以来，时届半载，今已完全工竣……所聘名厨为前都益处主人廖君海澄……"[27]后来，廖海澄又辗转受聘于南京饭店主理川菜："川菜之美，人尽皆知，究其实际，当以成都为第一。本社主人廖海澄君，川之成都人也。昔在川时，历尝各种异味，深究烹调之法有年，来沪后曾经一度创设都益处川菜社，开沪上风气之先，诸凡侨旅沪上之各地人士，莫不同声赞道，尤以善能推陈出新负誉于时。前年南京饭店落成，群相敦促廖君出理旧业，以供同好，爰有南京川菜社之组织。开幕以来，瞬已两载，盛荷各界惠然莅临，座客常满，良以本社菜肴之烹调确有真正四川风味，厨师之手艺具有纯熟知味之本能。际此秋高气爽，恰逢二周年纪念，为酬答历来顾客盛谊起见，定于十月五日起至十月廿五日止大减价三星期，菜肴面点除较平时益加丰厚外，再照原价一律九折以示优待。”[28]

离开了廖海澄的都益处，期年之后终告消歇，于1933年让位于陶乐春：“本馆自民国八年开幕以来，迄今十有五年，承蒙各界惠顾，营业蒸蒸日上，但以规模不大，因之后至座客每感向隅。虽经历年尽量扩充，仍不敷用，盖以宾客愈多房间愈短，本馆招待愈觉困难。纵佳宾知味，曲予鉴原，而本馆谋所以慰我诸君子者，更属刻不容缓。兹幸觅得爱多亚路东新桥西（即都益处旧址）三层楼房开设新馆……”[29]

刘承幹的川菜馆记录，1918年才真正“多点开花”，先是古渝轩，接着都益处，继以消闲别墅和兴华川，而且频次也大增——前两年总共才五次，现在一年就八次：

1918年2月9日：午刻到古渝轩应张菊生、李拔可之招，同座者何诗孙（名维朴，湖南道州人，为子贞太史之孙。本江苏候补道，近在上海卖字画）、缪小珊、王雪岑、朱古微、李梅庵、郑苏堪、章一山。

1918年2月15日：晚与谦甫、醉愚同至古渝轩应缪小珊、徐积余之招，同坐者冯梦华、宗子戴、李审言、顾鼎梅、谦甫、醉愚、缪子彬。

1918年2月16日：午后章一山陪王玫伯来，茗谈至晚，同一山、玫伯至都益处以消寒末集由喻志韶、潘兰史、沈醉愚作主人，同座者陶拙存、吴昌硕、周湘舲、钱履樛、徐积余、王玫伯及三主人。

1918年3月3日：七时与孙益庵同至都益处为淞社三十五集，主人为缪小珊、吴昌硕、陶存拙、恽季申、瑾叔，共三席。诗题为玉笋。

1918年11月22日：晚至都益处应梦坡消寒首集之招，同坐者为缪筱珊、杨芷姓、陶拙存、潘兰史、徐积余、钱履樛、沈醉愚。

1918年11月29日：晚至消闲别墅应履樛消寒二集之招，同坐者为缪筱珊、徐积余、杨芷姓、陶存拙、潘兰史、沈醉愚、周梦坡。

1918年12月16日：至兴华川应缪小珊之招，是为消寒四集。同座者履樛、拙存、兰史、芷生、积余、湘舲、醉愚及子彬，散席即归。

1918年12月22日：晚至古渝轩应陶拙存消寒三集之招，同坐者为缪筱珊、杨芷生、潘兰史、周梦坡、徐积余、沈醉愚、钱履樛，席散即归。[30]

菜馆饮宴与雅集频次基本同步——从1913年4月8日淞社第一次雅集，到1918年3月3日都益处之宴饮，已经是他们第三十五次雅集了；消寒雅集则是季节性的固定节目。频繁的雅集中，除了记录者之外，缪荃孙始终是主角之一，而以绘画大师著称的吴昌硕，也频繁现身，赋诗吟咏其间，宜其成为“文人画最后的高峰”。当然也少不了藏书界的同好，比如曾任江南盐巡道、三江师范堂（南京大学前身）督办的著名藏书家徐乃昌（字积余），以及出身官宦世家（湖南巡抚钱宝琛孙、河南巡抚钱鼎铭子）官至深州知州的太仓钱溯耆（号听邠）。钱氏晚年寓居上海期间，雅好吟咏之事，编有《南园赓社诗存》《百老吟》《沧江乐府》等，其中《百老吟》乃清末民初各地文人应钱氏之邀以“老”字为韵的百余篇唱和之作，洵属雅事。

1919年刘承幹的川菜馆频次维持，全年录得八次：

1919年1月22日：至古渝轩应潘兰史之招，是为消寒六集，同坐者陈石遗、徐积余、朱砚涛、陶拙存、杨芷姓、周湘舲，坐间兰史与石遗酒兴甚豪，议论纵横，致各有酒意，予见石遗无车，予送伊至成都路全福里，坚邀至其家小坐，茗谈片刻，并赠予书数种，皆伊自己著作也。返家后阅《石遗室文集》，即顷间石遗面赠者也。

1919年2月11日：夜间至兴华川应周湘舲之招，同坐者张菊生、朱古微、夏剑丞、李拔可、芷姓、一山，散后即归。

1919年闰7月28日：薛储石、高太痴、朱小韵、章一山先后来，小谈至晚，同至都益处，张晓初已到，继而孟苹亦来，以人少，由孟苹邀蔡谷清（名元康，绍兴人，现在杭州中国银行行长）

来，遂入席。

1919年8月1日：至兴华应陈子言（名诗，安徽庐江人，近在时报馆当编辑，善诗，向充幕府）、袁伯夔、夏剑丞、李拔可之招，同坐者朱古微、陈石遗、蒋孟苹、王莼农（名蕴章，无锡人，在商务印书馆充编辑，亦能作诗词）。席散即归。

1919年8月7日：至都益处应李振唐之招。

1919年10月29日：是晚由周梦坡主席在兴华川举行消寒第一集，同坐者为杨芷姓、潘兰史、许子颂、吴昌硕、宗子戴、钱履樛、陶拙存、沈醉愚而已。

1919年11月9日：晚至都益处应钱履樛消寒二集之招。

1919年12月9日：至都益处应吴昌硕消寒五集之招。[31]

关于刘承幹1919年的川菜馆宴饮雅集，有几点需要补充说明。首先是陈石遗即陈衍的出场。陈衍是闽诗派首领人物，盛名倾于一时，故刘承幹甚相礼重。其次要说说高太痴，即高莹，高氏少负文名，曾任《字林沪报》《苏报》主笔，编辑出版中国最早的文艺性副刊《消闲报》，此后转入商界，为中英大药房秘书，民国初年组织希社，自称“三十年前旧太痴”。刘承幹在创社之初即已加入：“（1912年8月26日）是日周湘舲在寓中宴客，因近日高君太痴创设希社，已举行二次，首则以百盆花室雅集为题（即太痴斋名），次则秋感诗也。今为第三集，湘舲介余入社，余已允之。”[32]并积极在财政上予以襄助：“（1912年12月15日）前日醉愚入城为余诣希社高君太痴，现拟集一维持会共计百份，每份洋十元，随意认定，不必先交，如此后经费不敷，借此为补助之赀。”[33]刘承幹没有说自己认股多少，但作为发起人以及有钱人，自是不会少；有此千元“基金”，足资诗酒风流。

进入1920年代，刘承幹很快达到上川菜馆的高潮，1920年七次，1921年则达十五次：

1920年2月7日：晚至兴华川应张菊生之招，同坐者王雪岑、王聘三、朱古微、徐积余、傅沅叔，蒋孟苹，菜尚好，惟迟缓异常，迨席散，已十时矣。

1920年2月9日：至都益处应王雪岑之招，同座者张菊生、傅沅叔、徐积余、孟苹、曹勷蘅（四川人，内务部部曹。此次随王揖唐来申）、王湘岑（名秉必，前广西巡警道，为雪岑胞弟，近来在申行医）。

1920年2月25日：晚至都益处应左子异之招，同坐者为高云麓（振霄，光绪甲辰编修，鄞县人）、张让三、卞薇阁、陈霖范（湖南郴州人，从前在安徽候补）、台孙（子异次子）、良孙（子异胞侄，名及仕履不详）、章一山及子异三四二幼子（三子约年十二三岁，四子约十岁左右，二公子均受业于云麓之门）。

1920年5月7日：晚与益庵、醉愚同至都益处应陶拙存、恽季申（瑾叔）、钱履樛之招，为淞社四十六集，拙存以开浚太湖事至苏未归，到者为许子颂、潘兰史、周湘舲、徐积余、吕幼、徐仲可、白也诗、张石铭、曹恂卿、杨芷姓、章一山、褚礼堂、王静安、益庵、醉愚，散后即归。

1920年5月8日：至都益处应章一山之招，同坐者温毅甫（名肃，广东顺德人，光绪癸卯翰林。官御史，丁巳五月补副都御史。此次由本籍来申，明日北上，携有各种广东所产各物贡献皇上）、王雪岑、郑苏堪、王聘三、杨芷姓，散后复纵谈时事良久而归。

1920年9月25日：午刻至都益处应金生、邹紫东之招，共二席，余同坐者为陈容民（名重威，武进人，丙子举人，山西知府）、徐积余、恽季申、眉卿，瑾叔及淮生，并其长孙祉庭。尚有一席则陈伯严、余尧衢、王雪岑、朱古微、郑苏堪、沈子林、孙益庵并紫东也，席散小谈而出。

1920年10月7日：晚至都益处应许子颂之招，同坐者为史叔起、徐积余、恽眉卿及不相识者三人。[34]

1920年的筵席上，有几个重要人物。比如邹紫东，名嘉来，曾任清朝外务部尚书兼会办大臣，清亡后先避居青岛，后居上海，1921年逝世，刘承幹在日记中有记：“（1921年12月2日）午后作联挽邹紫东尚书。”[35]再比如广东顺德的温肃，刘承幹注明他“此次由本籍来申，明日北上，携有各种广东所产各物贡献皇上”。[36]除此之外，我们还应知道，清亡之后，遗老避居之地主要有三：一是青岛，一是上海，另一就是香港九龙。九龙几乎全系广东遗老，上海、青岛广东遗老也不少，其中最著者，当数康有为与梁鼎芬。康是上海、青岛两居之，最后亡于青岛。而游走三地，效忠逊清最力者之一，则非温肃莫属。温肃1903年中进士，改翰林院庶吉士，散馆授编修，继任国史馆、实录馆协修官，1910年补授掌湖北道监察御史，1917年张勋复辟授都察院副都御史；刘承幹说他“丁巳五月补副都御史”，正是此复辟之职，可见他们心志之相契合——刘也一直孜孜追求逊清的封赠。

1921年1月23日：七时都益处应叶揆初之招，同作（座）者为范鼎卿（名寿铭，山阴人，光绪癸巳举人。现为河南河朔道尹。吾友顾鼎梅在范处编辑金石，盖河朔古迹极多，设局搜访，顾任其事，余虽未识面，曾与互通书札者也）、沈冕士、徐积余、李拔可、顾逸农、蒋抑卮、蒋孟苹，散后又小谈片刻而归。

1921年2月3日：至兴华川应倪远甫、杨韵秋之招，同坐者为范鼎卿、陈荔庄、邱渭卿、吴寄尘、徐积余及不相识者一人。孙益庵今日自苏来，也诗亦在，同谈良久。

1921年2月4日：午刻至都益处应张菊生之招，同坐者为傅沅叔、王雪岑、朱古微、徐积余、潘明训、蒋孟苹、赵仲宣、许汲侯。

1921年2月6日：晚至都益处应左子异之招，同坐者为黄伯雨、倪莱衫（名世熙，安徽望江人，豹岑中丞文蔚之子）、徐积余、卞薇阁（名綍昌，扬州人，前湖北候补道）、张仲照、余节高、许兰友（名星箕，湖南人，前浙江知府）、朱仲平，散后小谈而归。

1921年2月18日：至吴昌硕处长谈，并晤徐子升（即鲁道人，奉天辽阳人），既而况夔笙亦至，遂同至都益处小酌，东迈亦侍昌硕丈行，席间谈笑颇畅，十时归家。

1921年3月18日：晚至都益处应李振唐之招，同座者郑苏戡、朱古微、徐积余、徐行可、蒋孟苹、姚虞琴（名景瀛，杭州人，此地公茂盐栈之经理)、李柯生(振唐胞弟)。

1921年3月30日：晚至陶乐居(春)应徐行可之招，同席者郑苏戡、邹景叔，姚虞琴、丁辅之、高欣木、孟莘、巩伯，仲廉、季言，散后即归。

1921年4月20日：夜至都益处应徐积余之招，同坐者胡漱唐、王雪岑、朱古微、郑苏戡、王聘三、王叔用、醉愚，席散即归。

1921年11月1日：晚至都益处以淞社同人公祝予等五人也，陶拙存六十，恽瑾叔、张石铭、醉愚三人五十，予四十，共三席，到者为许子颂、吴昌硕、徐仲可、曹恂卿、朱砚涛、胡朴庵、恽季申、王静安、孙益庵、周湘舲、白也诗、章一山、褚礼堂、徐积余、杨芷姓十五人。散后与昌硕、芷姓小谈而归。

1921年11月5日：晚至都益处请许子颂松如乔梓，陪客为陶拙存、周梦坡、白也诗、醉愚。

1921年11月8日：章一山、王君九来谈，遂同至都益处夜膳，与拙存、瑾叔、石铭、醉愚答谢淞社同人祝余等寿也，到者为许子颂、恽季申、白也诗、徐积余、王静安、杨芷姓、曹恂卿、褚礼堂、周梦坡及一山、君九，共两席。

1921年11月15日：午刻至都益处应章一山之招，同坐者为陈瑶圃、陈小石、秦子质(名炳直，湖南人。光绪乙亥恩科举人，前广东陆路提督，系由江西按察使特改，亦向来所未有者也)、余尧衢、左子异、陈诒重、王君九、钱自严。

1921年11月19日：晚七时至都益处应一山之招，同坐者为徐积余、高欣木、蒋孟苹、章静轩(一山本家)、薛佩苍(名汝琥，常熟人，为前浙江义乌知县，薛炯明庭枢之孙。现在兴业银行办事，以其祖曾充吾浔厘金委员，故与浔人相识。大令乃一山乡试房师也)、裘匡庐(一山学生，镇海人)、沈醉愚，席散即出。

1921年11月21日：至华(美)丽川应寅叔母舅之招，同坐者为朱古微、宋子鹤、周梦坡、吴澡雪，散后归家。

1921年12月1日：晚与诒重同至都益处宴高云麓。[37]

这两年与他同席最多的徐积余即徐乃昌，同样是大藏书家、大刻书家，不过功名比他高，是康有为、汪康年等的举人同年，拜帝师翁同龢为师，历官淮安知府、江南盐巡道，提调江南中小学堂事务，总办江南高等学堂，督办三江师范学堂(南京大学前身)。徐对川菜也比他更热爱，甚至可以称得上酷嗜，因为从1920年至1938年近二十年的《徐乃昌日记》看，作为安徽人，他外出应酬很少上徽菜馆，大部分上的是川菜馆，尤其是他当主力的贞元会雅集，初步统计十九年的二百余次中，绝大部分在川菜馆举行，频率之高、跨度之长，在近现代上海文人雅集中无与伦比，这是上海饮食特别是川菜馆文化风雅中最值得大书特书的一笔。

诗酒雅集的式微与川菜馆的更新迭代

然而，从1922年开始，刘承幹的川菜馆宴饮记录开始速降，1922年至1924年各只录得两次：

1922年5月8日：午刻至都益处应冯梦华、余尧衢之招。

1922年12月22日：李木公、庞莱臣先后来领赏件。晚以王雪岑、叶柏臯、章一山、恽季申、瑾叔、李伯贞、徐道恭（敏）、陶拙存、徐积余诸公为余与醉愚接风，乃至都益处，醉愚亦自苏来沪，遂入席，至十时乃散。

1923年3月29日：晚与醉愚至大雅楼应徐积余之招，同坐者为芷姓、一山、子言、静安、尧衢、健之，亦为芷姓饯行也。

1923年12月8日：晚应陶拙存之招至都益处以消寒四集，昌硕未到。

1924年1月20日：至消闲别墅应胡朴安之招，是为消寒第九集。

1924年1月25日：午刻至都益处应刘健之之招。[38]

1923年3月29日的大雅楼之宴，需要说明一下，因为人们很容易忽略它，不认为它是川菜馆。确实，大雅楼最初是以京菜馆面目示人的："本馆开设英界三马路鼎丰里口，专办京都随意小酌、喜寿筵席，镇江茶点肴面、蟹粉汤包，应时各菜，一应俱全。本主人前曾合开雅宜楼，今另行分创，所有账房厨司均系旧时熟手，特再添雇。久在申江茶房，承蒙绅商学界诸君光顾，格外应酬周到。"[39]

初期营业生意不错，所以1914年有扩张迁移之举，迁到三马路、浙江路东的新式楼房。[40]殊不知上海滩饮食风尚递遭潜移，渐渐由初期京、徽菜馆并盛的局面转向闽、川菜馆挺秀，所以再隔几年，便转手于人，引入川菜，再兼他菜，重行开张：“卫生之道，饮食实为权舆。沪地菜馆林立，而于饮食上之卫生，初未讲求。本主人有鉴于此，特选聘汴鲁川滇京津闽扬各处优等庖师来沪任事，凡割烹煎炒，各呈佳味，诸色点心，务极精细，以求合于卫生之旨，而别开生面者。侍役伺候周到，房间坐位宽畅，定价格外克己，所有上午茶点及零拆碗菜，一律小洋，和菜全席，仍照旧章。现择于四月初三日正式开张，邦人士女，翩然惠来，靡深欢迎。上海三马路大雅园兴记谨启。”[41]

虽引入了时兴的川菜，但因为驳杂无主次，所以只坚持了一年，便告歇业转手，先转给大雅楼公记，[42]未几又转手大雅楼和记，[43]可是和记也只坚持了一年，又转给了春记。[44]春记便一心一意做时兴的川菜：“庖人向春和启事：春和前合伙开设滇蜀兴华川华（菜）社有年，荷蒙中外仕商学界赞许，营业颇称发达，嗣因庚申年终各股东情愿将该社盘让鈔记，刻下春和合伙创办西蜀大雅楼春记川菜馆，开设三马路中原来北京大雅楼京菜馆地址，营业特别改良，所有雅座清洁，精选西蜀名司来申研究肴馔，味口清爽，堂倌伺候周到，以副历年关爱诸君之雅意。谨择七月初一日开幕，倘蒙绅商各界名闺淑媛惠顾，无任欢迎荣幸之至。大雅楼春记谨启。”[45]大雅楼春记的经营应该是成功的，不仅能持续经营，还能吸引到刘承幹等名流雅士啸聚宴饮，即可证明。

因为股东意见不一，向春和在1923年6月22日的《申报》第5版发布《推盘声明》，终结了西蜀大雅楼春记，旋重组新开了大雅春和楼川菜馆。[46]新的大雅春和楼嵌入了向春和的大名，应该是能够完全主导了，从某些个案我们也能观察到它更成功了，比如《申报》1924年1月8日第8版东阁的《梅讯》说："昨畹玉晚饭于大雅春和楼，盖是日初无成约，会有至者，即约共饭。先至消闲别墅，不得雅座，遂至大雅楼。老向固以治庖负盛名，得畹莅止，肴核益丰美也。"能得梅兰芳的欣赏，当然是够分量的。

向春和的事迹也须略表一下，因为他是从川菜馆古渝轩出来的，曾一再被谭延闿批评：

> 1918年3月25日：出访澍蕃，谈甚久，相与慨叹而已。至古渝轩坐待久之，大武、吕满、宋满、俞三来，同饮，菜殊不佳，乃知非向厨自动手也。礼衡、二罗亦在别座。
>
> 1921年3月4日：偕朱九、大武至兴华川，聂六、聂十请客，张十二、子武、瞿锐之同座。菜劣极，乃费十八元，可谓荒乎其唐，向厨子真不可理矣。
>
> 1921年9月1日：俟大武归，乃同赴大雅楼任泽生之招，王心田、袁伯葵、梁四、梁五、徐某（克强内弟也），皆先坐。菜不佳，鱼翅作洋油气，向厨尚来敷衍也。[47]

批评之中也暗含了谭氏对向某手艺的高度评价，只是向某不肯亲自下厨，即便亲自下厨也常敷衍了事。这对普通市井客可以如此，对谭氏可不行，所谓"好事不过三"，更何况不好的行径，所以谭氏从此再不登大雅楼。

刘承幹的日记虽然记到了1936年，但1923年后几乎不记饮宴之事，即使在家饮宴，也只寥寥数笔。或许上海居，大不易，坐吃山空，宴饮日稀，既关乎年龄，更关乎财力。世界上没有不散的筵席，我们重点应该放在这些筵席之上，而非散去之后。从这些筵席活动中可以有几个重要的发现。

第一，如果将其所有宴饮记录分类排列，可以发现其从早期的家宴和花酌（风月场所的饮宴）到后来向菜馆酒楼转移，菜馆酒楼又有从西餐转向中餐的递嬗，这与上海酒菜馆发展、繁荣的轨迹是一致的。

第二，早期逊清遗老和传统文人的雅集活动对闽、川菜馆的兴起起了重要的作用，且不说这些菜馆的雅致风格多受影响，就看那些收费昂贵、规模不大类似今日私房菜馆的早期闽川菜馆，如果进一步考察刘承幹之外的其他诸家比如谭延闿、郑孝胥、徐乃昌以及新闻出版界名流等人的履席记录，已足以形成其营业基本面。反过来讲，早期川菜馆走风雅昂贵路线也正应了他们的需求——官厨向来高于市味并深深影响市味，这也是后来食品大王冼冠生的一个基本观点。刘承幹在日记中也举过例子：“（1913年10月30日）午后以缪筱珊招饮，同外舅、醉愚前往，至则芷甡已在……缪处庖厨向来著名，今所宴者即自制肴也，火候尚足，味亦鲜洁，似较市庖为胜。”[48]有鉴于此，其间具体互动生发情形，实是值得进一步深入探讨的课题。

第三，这些诗酒风流，是当时上海乃至中国文化生态的重要内容，也是上海成为文化中心的一个重要助力。其他诸家日记所记宴饮雅集，几乎皆不记具体的风雅之迹，唯刘承幹日记有每次雅集活动的具体内容，比如分咏诗题，均详加记录，弥足珍贵；徐乃昌日记也时有记之。上海虽然是新文化的中心，但旧文化始终是不可或缺的根基。上海开埠未几，没有这些遗老和文化“移民”或“难民”的丛集支撑，底蕴及其发展都大受限制。

第四，小规模类似私房菜馆性质的早期闽、川菜馆，与通过消夜馆、番菜馆积累升级，或四大百货这类大资本直接开设的相对现代化和规模化的新兴粤菜馆相比，明显处于市场竞争的劣势，兼之粤菜馆的好文，更助其轶闽、川菜馆而上，既成为餐饮业的新主角，也成为文化界的新拥趸。这从诸家日记中宴饮记录的前后比对可以分明见出，更可见出的是，饮食文化特别是饮食与文化的关系，不仅是餐饮业的重要议题，也是文化研究与发展的重要课题。这是刘承幹日记带给我们最重要的启示之一；当然，为早期上海川菜馆及其文化留存了一份难得的第一手史料，则是其最直接、最重要的贡献。

刘承幹1923年后雅集饮宴活动骤减，也与诗朋酒友或逝或衰、或走或离，零落四散有关。高太痴逝世于1920年。王国维1923年入宫任南书房行走，1925年初任清华国学研究院导师，1927年投水自尽，不复南返。郑孝胥1924年北上，也基本不在上海了。李振唐逝世于1925年7月26日，刘氏次日在日记中大发感慨：“是日得报条知李振唐于昨日子时逝世，闻之骇然……同志又弱一个，书此不觉泪下。”同日还送别了况周颐：“下午至夔笙处送行，以明日移家苏州也。”[49]吴昌硕则逝于1927年。不久之后，北伐胜利，进入一个更新的时代，也实在是他们渐次退出旧的政治文化舞台的时候了。

淞社雅集吟咏的年度频率，也颇能反映这种变迁。从1913年4月8日正式决定开淞社，到1925年2月12日“以花朝佳节余与梦坡假湘云观察学圃举行淞社第五十九集”最后一集，十二年间，平均每年举行雅集五次左右，而结束前最后这两年多才举行了六次，平均每年不到三次，频次下降了百分之四十。以如此的雅集频率，当然不足以支撑从前喜欢的闽、川菜馆，更何况他们也渐渐转向更新式的粤菜馆了呢。从这个角度，粤菜馆取代闽、川菜馆称霸海上，也是自然而然的事了。

注释：

1 项文惠《嘉业堂主——刘承干传》，浙江人民出版社2005年版，第33页。
2 刘承幹著，陈谊整理：《嘉业堂藏书日记抄》，凤凰出版社2016年版，第55页。
3 同上书，第63页。
4 同上书，第64页。
5 同上书，第66页。
6 同上书，第89页。
7《醉沤斋广告》，《申报》1913年1月31日第4版。
8 胡祥翰《上海小志》，第40页。
9《嘉业堂藏书日记抄》，第82、123、142页。
10 同上书，第82页。
11《嘉业堂主——刘承干传》，第41页。
12《嘉业堂藏书日记抄》，第147、182、190、208、216页。
13 陈智超《陈垣来往书信集》，上海古籍出版社1990年版，第256页。
14《嘉业堂藏书日记抄》，第248页。
15《式式轩迁移广告》，《申报》1914年10月28日第12版。
16 严独鹤《沪上酒食肆之比较》，《红杂志》1922年第33期。
17 明弘《尊前琐述》，《申报》1924年12月21日第19版。
18《民国华阳县志》，《中国地方志集成・四川府县志辑》，巴蜀书社2017版，第482页。
19 转引自房鑫亮《王国维丙辰日记注考》"正月初二条"，《中华文史论丛》2006年第4期。
20 黄应乾《忆但懋辛二三事》，载《爱国志士但懋辛》，荣县政协文史资料委员会1995年编印，第41页。
21《嘉业堂藏书日记抄》，第270、293、297、310页。
22 房鑫亮《王国维丙辰日记注考》，《中华文史论丛》2006年第4期。
23《都益处川菜馆迁移声明》，《申报》1924年9月2日第1版。
24《民国日报》(上海版)，1916年6月6日第12版。
25《送往迎来之宴会》，《申报》1917年12月30日第11版。
26《蒋士料律师代表都益处广记川菜馆启事》，《申报》1928年9月29日第6版。
27《大中华饭店昨宴报界》，《申报》1929年11月16日第16版。

28《南京川菜社二周纪念大减价》,《申报》1934年10月5日第21版。
29《陶乐春川菜馆迁移启事》,《申报》1933年11月19日第5版。
30《嘉业堂藏书日记抄》,第342、344、356、358页。
31 同上书,第360、361、375、376、381、382、384页。
32 同上书,第55页。
33 同上书,第66页。
34 同上书,第387、389、393、400页。
35 同上书,第426页。
36 同上书,第393页。
37 同上书,第405—407、409、411、423—424、426页。
38 同上书,第433、462、470、490、493页。
39《上洋新开大雅楼菜馆　闰月初一先行交易择吉开张》,《申报》1909年3月20日第6版。
40《大雅楼酒馆择阴历八月念七日开幕广告》,《申报》1914年10月14日第1版。
41《大雅楼正式开张特别启事》,《申报》1919年5月1日第2版。
42《声明:受盘大雅楼》,《申报》1920年1月30日第2版。
43《受盘声明》,《申报》1920年4月15日第4版。
44《推盘声明》,《申报》1921年7月26日第8版。
45《西蜀大雅楼春记川菜馆择于七月初一日开幕露布》,《申报》1921年8月4日第1版。
46《三马路中昼锦里西新开大雅春和楼川菜馆》,《申报》1923年7月23日第1版。
47《谭延闿日记》,中华书局2019年版,第五册第482页,第八册第71、257页。
48《嘉业堂藏书日记抄》,第127、526页。
49 同上书,第524页。

附　录　民国时期饮食文化在国内外的传播*

文史学者、专栏作家周松芳先生常年在媒体撰写饮食文化专栏，著有《岭南饕餮：广东饮膳九章》《民国味道：岭南饮食的黄金时代》《海派粤菜与海外粤菜》《饮食西游记：晚清民国海外中餐馆的历史与文化》《民国粤味：粤菜师傅的老菜谱》《粤菜北渐记》等多部饮食文化著作。与很多美食作家不同的是，他特别注重从史料中爬梳饮食文化在国内外传播的资料，将其置于近代中国政治、经济、文化变迁的视野下，别具一格。在接受《上海书评》的专访时，他认为，市场会重塑饮食文化，会使其在包容吸收的同时再重新突出自己的特色；从晚清民国迄于今日，没有市场就没有传播，没有传播就没有菜系的形成和发展。

上海书评：说到饮食文化在国内的传播，粤菜和川菜似乎在各地最为盛行，所以粤菜北渐是避不开的，能否先介绍下粤菜在民国时期北上的进程和盛衰之势？

周松芳：菜系的跨区域传播，是晚近以来的事，李一

* 本文原载于2023年1月21日《上海书评》，题为《周松芳谈民国时期饮食文化在国内外的传播》，作者为“澎湃新闻”记者黄晓峰。

泯先生说："限于交通条件、人民生活水平和职业厨师的缺乏，跨省建立饮食行业是很不容易的。解放以前大概只有北京、上海、南京、香港有跨地区经营的现象。"当然时限没有这么晚，范围和规模也没有这么小。粤菜的向外传播，主要是在五口通商之后。此前，虽然如屈大均《广东新语》所说："广州望县，人多务贾与时逐，以香、糖、果箱、铁器、藤、腊、番椒、苏木、蒲葵诸货，北走豫章、吴浙，西北走长沙、汉口。"但早期的商业都会中，是没有粤菜馆的，或者说粤商在各地的会馆，提供了粤菜馆的功能。像在北京，即便民国粤菜馆兴起之后，会馆的饮食功能仍然不可或缺，容庚先生居京之时，就屡屡就食于东莞会馆。

粤菜北渐，首上海而次北京。五口通商之后，上海迅速取代广州成为最重要的通商口岸，粤商也蜂拥北上，特别是外洋商行所需要的买办，首选就是粤人。其次，一些相关行业，如船舶修造业的工匠等，也多是粤人，《二十年目睹之怪现状》中的洋务企业充斥着粤人，就是生动的体现。大量粤人集中到来并聚居在虹口一带，他们所需要的饮食等服务就不是会馆所能提供的了，这就刺激了粤菜馆的产生。但上海早期的粤菜馆，并非后来的大酒楼形式，而是以兼营番菜（中国式西餐）的消夜馆以及茶居为主。这一方面是因为粤人晚睡晚起需要消夜的生活习惯是别的菜馆无法替代的，同时也因粤人群体数量终究有限，早期尚不足以支撑大酒楼的生存，还与上海开埠初期酒楼业整体尚未发展起来有关。另一方面则是仅仅服务于粤人，于经济上不合算，但初期又不适于他人之口，而番菜作为一种时尚，能够得到广泛接受，故辅以番菜。

上海最早的粤菜馆杏花楼诞生于1883年，其前身正是诞生于1873年的生昌号番菜馆，就颇能说明问题。一直到1912年，朱谦甫《海上光复竹枝词·海上竹枝词》说，杏花楼仍以消夜馆著称："广东消夜杏花楼，一客无非两样头。干湿相兼凭点中，珠江风味是还不。"再则，消夜在粤菜馆更主要的是一种经营方式，并不是因陋就简，像1906年颐安主人《沪江商业市景词·消夜馆》说："馆名消夜粤人开，装饰辉煌引客来。一饭两荤汤亦备，咸贪价小爱衔杯。"所以，终民国之世，后来赫赫有名的粤菜馆，都一直不废早茶与消夜；这种不畏辛劳地从清早坚持到深夜的经营方式，称得上粤菜馆的核心竞争力之一。

粤菜在上海的大发展，是在辛亥革命之后，这既是上海经济和饮食业发展水到渠成的结果，也是粤人和粤菜形象因辛亥革命带来大改观的结果。徐珂之说颇具代表性："吾好粤之歌曲，吾嗜粤之点心，而粤人之能轻财，能合群，能冒险，能致富，亦未尝不心悦诚服，而叹其有特性也。粤多人材，吾国之革命实赖之。"四大百货公司及其附属餐饮业的次第开张，更具象征性：1917年先施公司开业，1918年永安公司开业，1926年新新公司开业，1936年开业的大新公司则后来居上，1980年代前一直稳居全国第一。到北伐胜利，粤人的美誉度进一步提高，加之大量新粤人以及习惯了广东菜的人士涌入上海，上海粤菜馆的势力遂达到高潮。范烟桥

《徽州馆与广东馆》说："起初是徽州馆最占势力，到了民国十六年，国民革命军北伐，忽地广东馆突为上海人所喜，或者因为那时广东人在上海骤然增加数量，上海人又是一窝蜂的，见广东人都到广东馆去了，便学时髦也舍此就彼。"

抗战军兴之后，上海饮食业尤其是粤菜馆进入畸形繁荣期，这应当与汪伪政权的广东渊源及日本占领者都喜好粤菜有关，《大风》杂志1938年第六期有一篇《孤岛逸闻：冠珍酒楼之爱国侍者》就细说了这一因缘。当然，抗战对菜系的传播影响至大，上海成了粤菜向外传播的一个中心环节。比如，无论在武汉、重庆、昆明还是贵阳，都是当地粤菜馆乃至整个酒菜馆业标杆的冠生园酒楼，就是从上海内迁的粤菜馆。上海这个最大的商业中心对食客口味的培养和对菜系的传播在一定程度上产生了决定性的影响。比如广东邻省的中心城市桂林，在抗战前就没有粤菜馆，战后粤菜馆的早期记录都出自下江人之手。最有意味的是，著名实业家兼教育家沈燕谋去香港吃了诞生于1846年的老牌杏花楼粤菜馆之后，竟然觉得是"袭上海一粤菜馆之旧名也"，并说"治餐甚佳，有家乡风味，为之饱啖而返"，俨然把上海的粤菜馆当作江南乡味了（朱少璋主编《沈燕谋日记节抄及其他》）。

回过头来再说说粤菜馆向北京的传播，那可要比上海迟很多年，1907年左右，才出现第一家粤菜馆大饭庄醉琼林，也是西餐先行，番菜与粤菜并重。后起的原因，既与北京餐饮业的市场化程度和规模远不及上海有关，也与北京的会馆和官厨功能强大有关。在粤菜馆出现之前，帝师翁同龢就多次写到在广东籍好友李文田和张荫桓那里吃到至美粤菜，特别是鱼生；第一次是1865年10月30日："偕濒石同赴仙城馆（广东会馆也，在王皮胡同），李若农招食鱼生，待许仁山、潘伯英、许涑文，良久始至，同坐者孙子寿，又广东人冯仲鱼、王明生也。鱼生味甚美，为平生所未尝。"当然也吃别的："（1890年11月13日）赴李若农招，吃鱼生甚妙，余肴精美。"还借他们的厨师待客："（1866年9月26日）夜招宋伟度、潘伯寅、张午桥、张香涛、李若农饮，借若农斋并其庖人。"后来的谭家菜，更是这种粤人官厨的最佳典范。

总而言之，抗战之前，各通商口岸都陆续出现了粤菜馆，但遍地开花则是在抗战之后，并随着战争的结束和民众纷纷还乡而趋于消歇，贵阳、昆明等地堪称典型。在抗战期间，大后方不少县城甚至交通要道上的乡镇，都有各帮菜馆存在。比如1941年11月，老舍在查阜西的陪同下往游大理，就发现在滇缅公路"六十三公里的地方，有一家小饭馆，一位广东人，不会说云南话，也不会说任何异于广东话的言语，作着生意。我很替他着急，他却从从容容地把生意作了"。再往前走，"在禄丰打尖，开铺子的也多是广东人"（《滇行短记》）。至于各地粤菜馆再起，则要到1980年代人、财、物的再度大流动之后。

上海书评：在《粤菜北渐记》的序言中，罗韬先生总结了"官家定其品，文家扬其名，厨家精其艺，商家成其势”四端，对这四端，您能具体谈谈吗？

周松芳：中国长期以来是官本位的国家，凡事官家说好才算得上真的好，即便饮食“小道”，亦复如是。像广州的酒楼业，在咸同之际，“不入姑苏酒楼同行公会”，犹不为人所重，那是因为当时操此业之权柄者，多为姑苏淮扬商人，而之所以能此，与为宦者多江南人士有关，也与他们府邸的官厨有关（戆叟《珠江回忆录》，《粤风》1935年第一卷第五期）。所以，到了民国时期，食品大王冼冠生撰《广州菜点之研究》，还再三致意官厨，认为官厨对“食在广州”的形成和发展影响至巨。具体而言，对“食在广州”形成和发展影响至为关键的江孔殷的太史菜以及北平的谭家菜，均可视为官厨的典型。对粤菜如此，对湘菜亦然，如果没有谭延闿谭府菜的出现，湘菜的菜系形成及其发展也会大为逊色。八大菜系中最早、最显赫的山东菜，更是走官府路线的典型。

文家扬其名，则主要在于文人墨客的摇旗呐喊。我早在《民国味道》一书中即提出，“食在广州”得名其实甚晚，而名声大噪乃在经由晚清民国上海这一商业中心和传播中心的鼓吹，获得大众接受认可之后。其实文家所扬之名还得奠基于厨家之艺和商家之势上，没有厨家精其艺，文家扬名就成无米之炊；没有商家助其势，厨家也就无艺可精。上海的饮食业为什么比北京发达？特别是迁都之后，北平的餐饮业迅速下坠，即以其市场大为萎缩——没有市场，没有商家，厨家就没有了舞台；市场广阔，则厨家纵横驰骋，兼收并蓄，融会贯通，厨艺日精。谭延闿居沪之时，屡屡遣其家庖曹四求艺于人，正有赖于上海的市场和商家。所以，我们考察各菜系的形成和传播，无论如何都绕不开上海，无论如何都得以上海为主体，实在是因为上海在商家之势和文家之名（现代传播）两方面，均具有无与伦比的优势。

上海书评：20世纪80年代以来，川菜在各地逐渐流行，实际在民国时期就开始向东往内地传播了吧，这个过程是怎样开始的，主要在哪里流传？

周松芳：蜀道难，难于上青天。自古出川、入川皆非易事，川菜出川亦然。无论北京还是上海，川菜馆之兴都是在辛亥革命以后。在上海兴起的一大因缘是上海这一商业都市的兴起，特别是其租界的特殊存在，使退出政界的官员尤其是清室的遗老们，多了一个不必如从前退居乡间的好去处——既有政治上的安全，又有生活上的便利，同时还有经济上的保障（卖书鬻艺及投资入股工商实业等）。上海最早的两家川菜馆，醉沤斋和式式轩，相传就与川籍著名遗老王秉恩大有关系——有说是他出资开的餐馆，有说是他的厨师出来开的餐馆，有说是他参与指导了餐馆的开设与经营，等等。

由于早期川菜馆市场定位于政客遗老这一群体，所以其组织形式类似于今天的私房菜馆，适于雅集酬唱，但定价也高，比较难以跟后来走现代化、市场化道路的粤菜馆相竞争，这一点我们从刘承幹、郑孝胥、王伯祥、张葱玉等人的日记中，可以看得比较分明。而随着旧的消费群体的渐次退场，川菜馆的地位便让于粤菜馆，直到后期再以经济廉价相抗衡，才又重新找回自己的地位。

早期川菜的味尚腴厚，使其无论在上海还是北京都赢得了较好的口碑，同时也进行了比较好的调适，这都有助于其进一步向外扩张传播。所以，无论向西回溯的武汉川菜馆，还是向南挺进的香港川菜馆，都曾打出聘得上海川菜名厨的广告以为招徕。但川菜馆真正的广泛传播，则与粤菜馆基本同步，即随着抗战播迁形成的人、财、物大流动而大兴盛。但此时各地的川菜馆，则不复早期的味尚腴厚且丝毫不辣，而是以麻辣下饭见长了。

上海书评：无论粤菜还是川菜，在其在地化的过程中，不免会有一些变化或改良，当时的情况怎样？

周松芳：人要入乡随俗，菜也会入乡随味。粤菜、川菜都是这样。著名教育家舒新城说："四川菜是海内闻名的，就是我这不讲究饮食的人，也因振于其名而常在下江上四川馆子，可是在下江的所谓四川馆，其成分中总夹有他种元素；四川省里面的四川菜自然是最纯粹的。就我看来，其纯粹的地方，不独在味的方面，就是形式上也有大特征。如说：上海的美丽川、兴华川何尝不被称为真正的四川馆呢，然而自座位以至杯盏无不是上海化。"（舒新城《蜀游心影》，载《漫游日记》，中国文史出版社2021年版）

具体来讲如何随味就俗呢？首先就是吸收他帮菜的优长。如先吸收闽菜的一些优点，像著名的消闲别墅，开始是闽菜馆，后来与川菜合流而成为著名的闽川菜馆，再后来才是“纯粹”的川菜馆，但这时的“纯粹”已经融入了闽菜的特点了。再比如川菜后来“纡尊降贵”，要走经济廉价路线，要引入平民化的辣味，但川菜的麻辣，下江人颇不习惯，他们便又引湘入川，连早负盛名曾颇得谭延闿青睐的古益轩都改组成了川湘菜馆：“三马路大舞台西首之古益轩湘川菜馆，现由各界闻人接盘，重新改组，于昨日正式开张，营业十分兴盛，因湘川菜味与众不同，加之售价低廉，座位舒畅，自易得人之赞美。”（《古益轩湘川菜馆开幕》，《申报》1931年5月4日第16版）粤菜，是最善变最善于包容吸引各菜系特点的，食品大王冼冠生在文章中的夫子自道最足资说明：“挂炉鸭，油鸡（南京式）；炸八块，鸡汤泡肚子（北平式）；炒鸡片，炒虾仁（江苏式）；辣子鸡，川烩鱼（湖北式）；干烧鲍鱼，叉烧云南腿（四川式）；香糟鱼球，干菜蒸肉（绍兴式）。关于点心方面，又有扬州式的汤包烧卖，总之，集合各地的名菜，形成一种新的广菜，可见‘吃’在广州，并非毫无根据。”（《广州菜点之研究》，《食品界》1933年第2期）

上海书评：除了粤菜、川菜，其他菜系在当时的传播情况能略做介绍吗？

周松芳：在近现代以来走出本土的各大菜系或菜帮中，粤菜和川菜都不是最早的，最早的应该是鲁帮进京。京菜其实就是鲁菜。由于没有北京菜之说，所以山东菜如何进京，大家倒不是很关注，毕竟近水楼台，就像食在广州，厨出顺德，顺德厨师进广州，在大家眼里也就是平常的事了。但是，京菜南下上海就值得大书特书了。上海，可以称得上北菜或京菜南下的第一站。上海是个移民城市，城市发展的过程中，除了本帮菜，首先入沪的应该是徽菜。早期徽菜馆数量虽众，但缺乏特色，所以也不太为人所重。比如出身安徽望族、官至江南盐巡道、三江师范学堂督办的徐乃昌，从其日记看，晚年寓居上海，热心乡邦事务，却几乎不上徽菜馆。他们的贞元会雅集，坚持近二十年，始终坚守在川菜馆。徽菜之外，则是京菜了。京菜好歹有帝都范，一直有其市场，虽然未曾风靡一时。比如福建人郑孝胥，1917年上闽、川菜馆才各九次，上京菜馆却达三十六次，其中会宾楼一家即去了二十二次。

京菜馆大规模南下或向上海以外地区广泛传播，辛亥革命是一波，北伐迁都是一波，最大一波则是抗战之后。

比北菜南下稍晚，有闽菜北上和湘菜东进，但都是比较迟的事，也都是以上海为中心，因为只有上海才能提供足够的市场支撑。当然北京也有市场，但不如上海的规模和接受度。抗战以及北平相对衰落导致的北菜南下大潮，使不少名菜馆名厨师流落以至定居他乡。比如北京著名的河南菜馆厚德福，经由抗战开枝散叶之后，无论在重庆、昆明还是香港，都给人相当正宗之感。再如谢正光教授谈到的著名京菜馆丰泽园的香港故事，也十分感人。他1960年考入新亚书院后，发现一代名师牟润孙先生寓庐每周五下午开放，欢迎学生来访，天南地北的谈话结束后，例必招待同学们在附近的“丰泽园”京菜馆进餐。为什么要去丰泽园？早在1954

年牟润孙接受钱穆邀请，从台湾大学转任新亚书院文史系主任之初，一上此馆，点了一味“雪豆炒虾仁”，一尝之下，即对侍者说：“这雪豆虾仁，只有一个人做得这样好，赶快到厨房把他请出来。”相看半晌，才相互抱头痛哭——原来这厨子叫阿赖，乃先生当年的家厨，1948年分别之后，时隔九载，主仆重逢，自然喜极而泣！（谢正光《记先师牟润孙先生与其及门》，《南方周末》2020年11月5日）

上海书评：不同菜系在国内的传播，与当时的政治、文化事件有很大关系，能试举几例说明吗？

周松芳：从粤菜北渐的两大高潮——辛亥革命与北伐胜利——我们看到了政治对菜系传播的深刻影响；对粤菜如此，对其他菜系亦然。比如在国民政府迁都南京前，南京经过太平天国革命之后，城市建设与菜馆数量都十分凋零。但因为迁都的关系，也就十年之间，川菜馆、粤菜馆乃至京菜馆一时蜂起。后来武汉川、粤菜馆并起，特别是重庆，原本一个码头小城，因为成为陪都而各帮菜馆如雨后春笋般起来，都是因为政治之力，当然也与“前方吃紧、后方紧吃”的腐朽的政治文化有关。国民政府参事室负责人事的陈克文从南京到武汉再到重庆，一路西迁的日记对此有最生动的记录。

我最看重的则是文化与饮食的互动生态。早期我比较关注上海滩粤菜馆与文化人的良性互动，当时各大粤菜馆，也包括其他菜系的菜馆，喜欢请文化人和媒体记者吃饭，希望能借助他们的鼓吹之力——现在餐馆请媒体则有之，请文化人就很少见了。但我近期在梳理相关史料时则发现，文化学人的诗酒活动，对早期的闽、川菜馆的产生及其发展有着直接的影响。辛亥革命后避居上海的各路官绅，常常需要结社集会诗酒吟咏以延续社会存在感及其影响力。文人结社与文学文化发展的关系，在古代文学史的研究上已经是比较令人瞩目的课题，因此，民初上海这一段文人结社诗酒雅集活动，对海派文化的形成影响几何？对餐饮业的影响几何？都是比较新的值得研究的课题。我们从郑孝胥、刘承幹、徐乃昌等人的日记中可以看到，在闽、川菜馆等适宜聚会雅集的酒菜馆兴起之前，他们的雅集活动多在私家庭院和高级妓女（长三）的书寓进行。但是，由于结社数量多（比如刘承幹等的淞社，樊增祥等的超社，还有希社、春音词社、逸社、沤社以及影响更大的南社等），雅集活动频繁（像淞社从1913年成立到1925年结束，十二年间举行雅集平均每年五次左右），后来基本上以川菜馆为主，徐乃昌等的贞元会，从1920年到1938年，近二十年间便一直坚守川菜馆；此外还加上“消寒会”“同年会”“一元会”等其他定期不定期非结集雅集活动。凡此种种，足以形成一个左右餐饮市场的消费力量，这不仅促成早期闽川菜馆的产生，更影响到极其适于吟咏雅集的风格特色的形成。而从王伯祥和郑振铎等人的日记中，我们又可以看到，这新一代的文化学人，他们同样需要诗酒聚会，但对酒菜馆的选择则有异于前辈，他们更喜欢相对新型、相对现代的粤菜馆，如曹聚仁所说，像傅彦长、林微音简直就是成天孵在粤菜馆里。尤其是新雅茶室和新雅粤菜馆，更是文艺界的大沙龙，著名摄影家郎静山则干脆入了股。这些酒菜馆的成长与海派文化的形成，应该有一种双向奔赴的关系。

上海书评：中华饮食晚清民国时期在海外的传播，是商业和留洋学生引发的吗？

周松芳：胡文辉先生说："试问近一二百年间，中国够得上'走向世界'者，有什么呢？我略略思量，暂时只想到三样：中餐、熊猫、功夫片……在中国文化花果飘零的岁月，中餐和功夫片却能在禹域之外灵根自植，首功是要记到广东人身上。或不妨说，在海外，华人史的一半是广东人，中餐史的一半是粤菜。"粤菜或中国菜走出去，听起来似乎高大上，但起始实在是非常卑微。不过是1848年美国加州发现金矿，无处营生的广东以台山人为主的四邑贫民冒险前往淘金，淘金过程中出现分工合作，即擅长做饭者慢慢腾出手来以做饭为主，就像开个内部小食堂，渐渐地也与一些"友好"外国矿工分享。这就是最初的中餐馆的雏形。虽然是十分普通的饭菜，却也能赢得外人的欢心，这就是中餐的魅力。十几年后，等到中国第一个外交使团蒲安臣使团1868年访美时，旧金山唐人街已经建立起来，中餐馆也已升级换代，所谓"闾巷市廛，庙宇会馆，酒肆戏园，皆系华人布置，井井有条。其大街土人称为唐人城，远望之讶为羊城也"。

再过二十几年，1896年李鸿章访美，广东华侨利用美国人英雄崇拜心理，建构出一款李鸿章杂碎，不仅使中餐馆从西海岸的旧金山风靡至东海岸的纽约，而且成功走出唐人街，在通衢要道，大开中国人不待见的杂碎馆。如梁启超1903年访美作《新大陆游记》说：“杂碎馆自李合肥游美后始发生。前此西人足迹不履唐人埠，自合肥至后一到游历，此后来者如鲫。仅纽约一隅，杂碎馆三四百家，遍于全市。”“中国食品本美，而偶以合肥之名噪之，故举国嗜此若狂。凡杂碎馆之食单，莫不大书‘李鸿章杂碎’‘李鸿章面’‘李鸿章饭’等名，因西人崇拜英雄性及好奇性，遂产出此物。”如果说李鸿章杂碎还与李鸿章能攀得上点关系，后来的左宗棠鸡之类则与左宗棠几乎毫无关联，美籍华裔作家詹妮弗·李的《幸运签饼纪事》对此有详细的描述。

美国杂碎是主要供给美国人吃的很简单的中国食物，其核心元素无非两样，即豆芽和酱油，用来炒鸡肉、牛肉、猪肉均可。早期真正的炒猪或鸡鸭内脏等地道的中国杂碎，除了唐人街能觅得，外人是不宜的，像鱼翅、燕窝等高档粤菜，更是只能到唐人街才有的吃。所以杨步伟写她1921年9月底随赵元任去旧金山玩：“元任说旧金山有很好玩的中国城。广东饭也很好吃，只要不叫‘杂碎’就是了。”（杨步伟《杂记赵家》，广西师范大学出版社2014年版）

美国的中餐是广东人带过去的，欧洲也是。如果说美国中餐源于矿工食堂，欧洲中餐馆则源于各港口如利物浦、鹿特丹的水手食堂——水手馆。那是因为欧陆的商船很早就雇用广东水手，而早期的商船需趁季风航行，因此水手常需在港口盘桓数月，渐渐就发展出内部所需的饭堂来。邹韬奋1933年访英时还能见到这种水手馆。后来，随着旅欧华人增多，唐人街在伦敦等地建立起来，水手馆就发展成有如美国的杂碎馆，并走出唐人街，不仅成为留学生和其他外国人的需要，也常常成为外交接待的需要，并因此变得高大上起来，比如伦敦著名的探花楼、上海楼等。

至于欧洲大陆的巴黎和柏林，中餐馆的兴起虽然也与广东人有关，如最有名的巴黎万花楼主人固然是广东人，但占主导地位的却不是广东人了，而是“一战”后留下来的华工，特别是其中娶了法国媳妇的，更有条件开餐馆。而主顾却以留学生和访问学人以及其他各路公干的华人华侨为主，像万花楼中西餐并行，当然顾客群体就要广泛一些。当年的留学生，学科学技术首选美国，文学艺术则向往巴黎，其中颇有资斧充足得以天天上万花楼这样的中餐馆的人士，比如出身广东富商的梁宗岱、结婚后再度留法的袁昌英等，还有就是郑振铎这类访问学人。柏林的中餐馆则几乎完全建立在留学生基础上，主要是“一战”结束后，德国因为战败马克币值剧贬，且不说附近的留英留法学生，连远在美国的傅斯年、陈寅恪都趁机转往柏林，希图以穷学生而过好生活，一时中餐馆也开出六七家，遽至鼎盛。最典型的是，徐悲鸿夫妇眼看囊中将尽，在巴黎难以为继了，却迎来了这一短暂的好时机，得以在柏林快乐地渡过难关。

上海书评：我们一般的印象里，中华饮食在国外只有宫保鸡丁之类被外国人记住，中华饮食当时在国外的口碑如何？

周松芳：早期海外中餐馆基本是广东人的天下，民国晚期，开始有川菜等其他中国菜系的中餐馆开出来。即便传统的杂碎馆，由于市场竞争的需要，也不断引入新的菜式。比如国民党著名粤籍将领李汉魂，在夫人吴菊芳的主导下，在美国开中餐馆，开始当然以粤菜为主，聘请的是香港厨师，但后来也不断试验引进川菜、京菜等，以增强竞争力（《“万童”之母私人录：吴菊芳日记》，花城出版社2021年版）。宫保鸡丁这类川黔菜式和左宗棠鸡这类“创新”湘菜，就是在这种背景下引入或创造的，当然后面还有麻婆豆腐之类的更大众化菜式的引入，进而逐步取代了从前简单的粤式“炒杂碎”。

当然，在后来的海外中餐馆里，就像当年主供外国人的杂碎馆一样，既有不甚地道的麻婆豆腐、宫保鸡丁、左宗棠鸡一类的“新杂碎”，在唐人街同样也有很地道的麻婆豆腐和宫保鸡丁。这些唐人街的中餐馆，其实也一直追求地道，新时期不少粤籍厨师就陆续被聘往海外掌勺乃至授徒。2015年1月27日《广州日报》的《顺德大厨出国打工户口还在，分红没了》就是这方面的报道，驰名京华的顺峰山庄首任总经理罗福南也多次受邀前往美国旧金山、英国伦敦、法国巴黎等地传道授艺。

食嘢食正宗，寻味寻地道。随着中外交流的进一步密切，海外中餐馆一定会得到更健康的发展，中华美食也一定能得到更好的传播和推广。

上海书评：各个菜系在国内外的传播，对饮食文化发展起了怎样的作用？

周松芳：没有传播就没有接受，没有接受就没有各菜系观念的形成及流行。过去如此，现在依然。早期粤菜以其生腥（生鲜）为人难以接受，故以消夜和番菜开道，渐渐调适，最后广为接受，并一度赢得国菜殊荣——这是明末四公子之一冒襄后人、著名剧作家舒湮（冒效庸）说的："粤菜做法最考究，调味也最复杂，而且因为得欧风东渐之先，菜的做法也掺和了西菜的特长，所以能迎合一般人的口味。上海的外侨最晓得'新雅'，他们认为'新雅'的粤菜是国菜。"（《吃的废话》，载《论语》1947年第132期）这种情形，在粤菜北渐停滞数十年，于改革开放后重启时，也曾再度遭遇——起初外省人士同样觉得粤菜生腥难以接受。

传播和接受是一方面，传播过程中的调适是更重要的环节，中餐对西餐的接受与引入就是最好的说明。民国粤菜馆里的烟鲳鱼、葡国鸡是典型的西菜，现在仍然非常流行的红烧乳鸽也是典型的西菜。还有西餐对环境卫生的讲究，比如有间隔的飞机座等，都是粤菜馆率先引进的。恐怕最重要的引进还是机械加工炉具等方面的引进。最近有作家写小说张扬粤菜师傅那种手工传承，但粤菜大佬冼冠生早就指出手工之弊，比如说月饼的手工生产与烘焙很容易出现厚薄不均、生熟不匀的情形，他当年是通过改进烘焙炉具一举突破这一瓶颈，并成为广式月饼保持高市场占有率的一个重要原因。再如在粤菜中占比很大的点心，冼冠生说传统粤点也多油器（油炸）以求延长保质期，他则努力向西点学习，现做现吃，大大增强了粤菜的吸引力和竞争力。

与此同时，我们也看到各菜系在向外传播过程中的互相交流融合，可以说没有传播就没有交流融合，就没有我们今天的美味。我去年编撰出版了一本《民国粤味：粤菜师傅的老菜谱》，主要是从公开发表过的文字中搜辑；目前正在编撰另一本旧菜谱书《粤菜梦华录：老菜谱里的食在广州》，主要整理收藏家手里的各种老菜谱。从这些老菜谱我们可以发现，早期粤菜并不十分丰富，也不十分高明，而到了民国中后期才有质的飞跃。比如我看到上海两家中等粤菜馆的菜谱，每家都能提供三四百道菜，这在今天也是了不起的，而这三四百道菜中，很多明显是外帮菜或改造自外帮菜。粤菜如此，其他菜又何尝不是如此呢？传统的中高档湘菜、川菜是不辣的，辣味向中上层传递并成为其菜系最显著的特点，既有时代向下沉沦的因素，更与向外传播过程中被广为接受有关。过去如此，今天亦然。现在几乎所有菜系都可见到川、湘菜的影子，比如重庆有个老板在广州开了家新渝城的川菜馆，在把川菜馆做得有粤菜感的同时，也开设至正粤菜和至正潮菜，又把粤菜和潮菜做得有川菜感，但大家并没有觉得有什么不妥。再如林卫辉先生说，像负有盛名的台州新荣记，便充分吸收了粤菜的一些精华，使粤菜一时有相形见绌之感，而这种相形见绌之感，也一定会促使粤菜有新的融合、新的创造，以增强市场竞争力。

传播的力量其实就是市场的力量，市场会重塑饮食文化，会使其在包容吸收的同时重新突出自己的特色。从晚清民国迄今，我们发现没有市场就没有传播，没有传播就没有菜系的形成和发展。以粤菜为例，2022年黑珍珠全球二百八十三家上榜餐厅中，粤菜餐厅以六十四家继续大受欢迎，但粤菜大本营广州只有十三家，其余深圳五家、汕头四家、顺德两家，另香港十家、澳门七家，而最大的市场中心上海却有十一家，仅次于广州而高于以新派粤菜著称的香港，这就非常能说明问题，也令我们想起了民国时期粤菜黄金时代的海派粤菜风光。粤菜要想继续高擎“食在广州”的大旗，也必须继续走出去引进来，融入新的传播盛世，才会有新的更大的辉煌。

后　记

十多年前，笔者在《南方都市报》开设“民国味道”专栏，虽然主要是谈粤菜，但也难以回避川菜，特别是在搜集资料方面，很容易由此及彼，获得了不少川、湘菜及其他菜系的第一手史料，因此曾有志于写一本《民国饮食地图》，并先期撰写发表了《民国味道之海派川菜印象》（《档案春秋》2014年第5期）、《民国川菜出川记》（《上海书评》2018年7月14日）、《湘菜出湘的早期记录》（《书屋》2020年第6期）、《瑞记引领的老北京川菜馆》（《书城》2021年第3期）、《老上海的川菜馆：最豪奢的开场，最经济的殿后》（《澎湃新闻・私家历史》2022年2月3—4日）。当然，撰写发表更多的是关于粤菜在各地传播发展的文章，当初设想的《民国饮食地图》已不足以容纳，故先结集出版了《粤菜北渐记》。而关于川菜在各地发展的文章也越积越多，经过一段时间的沉淀与修订，悉付东方出版中心《大都市》连续刊发，并结集成这本《川菜东征记》——《民国饮食地图》是不用担心篇幅不够的。

本书的写作和发表历时近十年，其间史料收集由少积多，考察辨析也由浅入深。由于撰述成文的过程中有意识地力避史料的重复，所以早期发表的篇章仍然有独立存在的价值，当然会予以适当的修订、补充和调整。在过去十余年特别是本书的研究与写作中，笔者的重心明显转向饮食及其文化的传播，而且也逐渐积累了一些心得体会，需要向读者诸君交待，正好有一篇《上海书评》对我做的一个专访，附录于书后，就不必另起炉灶了。同时，王斯博士所赐之序，溢美之中也帮我做了许多研究和写作上的交待。王斯博士多年来以秘书长的身份协助赵荣光先生开创亚洲食学论坛事业，识见闳深，眼光独具，本希望她能赐序以教正，却不料褒美过甚，愧不敢当，当然也深怀感激。

最后要感谢生活书店在《饮食西游记》之后再度接纳拙稿，特别是责任编辑欧阳帆，与我有同乡之谊，编校尤为精审；特邀编辑程丽仙，与我同属古代文学专业出身，对我研究与写作的指导，尤具针对性。有这样的好编辑，怎么可能写得不顺利呢，怎么可能不心怀感激呢！同时也要感谢发表报刊的编辑周晓瑛、齐晓鸽、刘文华、黄晓峰、梁思慧等，他们的质检和批改，确保了文章的质量，也更对得起读者。感谢友人唐吟方兄为我题写书名并做插图，使全书顿增颜色。

周松芳

癸卯新正于广州逸雅居